◄ ◄

Die Bärenhöhle bei Welschenrohr im Schweizer Jura, Ölgemälde (42,5 × 34,5 cm) von Caspar Wolf, 1778.

Phreatischer, d. h. zur Zeit seiner Entstehung vollständig überschwemmter Gang in der Al-Hota-Höhle (Sultanat Oman). Bei Hochwasser kann dieser Gang komplett von Wasser erfüllt sein.

Skurile Sintergebilde, sogenannte Excentriques, an feinen Stängeln aus korallenförmigem Aragonit in der Grotte de Malaval (Lozère, Frankreich).

Eisvorhang in der Eiskogelhöhle (Tennengebirge, Österreich).

Foto Seite 10:
Réseau Coufin-Chevaline (Vercors, Frankreich).

Seite 12:
Eisstalagmit in der Eishöhle Monlési (Neuchâtel, Schweiz).

Seite 14-15:
Le Boudoir de Proserpine in der Grotte de Han (Belgien), Lithographie von Vanden Burggraaff (1830).

Seite 38-39:
Pontet-Quelle in den Gorges de la Loue (Doubs, Frankreich).

Seite 72-73:
Excentriques an Stängeln aus korallenförmigem Aragonit in der Grotte de Malaval (Lozère, Frankreich).

Seite 118-119:
Aven de Peyrejal (Ardèche, Frankreich).

Seite 150-151:
Xian Ren Dong (Yünnan, China).

RÉMY WENGER
(HRSG.)

HÖHLEN
Welt ohne Licht

Entstehung • Erscheinungsformen
Tierleben • Höhlenforschung

SCHWEIZERISCHES INSTITUT FÜR
SPELÄOLOGIE UND KARSTFORSCHUNG

Denis Blant
Michel Blant
Pierre-Yves Jeannin
Jean-Claude Lalou
Marc Luetscher

blv

Die Autoren

Rémy Wenger

Fotograf, Grafiker, archäologischer Zeichner, Leiter der schweizerischen Höhlenrettung, Autor zahlreicher Höhlenreportagen, Co-Autor des Buches »In den Höhlen der Welt« (Mondo, 1991). Ohne Kamera unter die Erde zu gehen, wäre für ihn eine Qual . . .

Denis Blant

Ingenieur für Geologie und Hydrogeologie. Organisiert Höhlenexpeditionen, die vor allem nach Kuba führen, dann und wann aber auch Stehpartys und Müllbeseitigungsaktionen.

Michel Blant

Doktor der Zoologie und Bruder des Letztgenannten. Mitwirkung bei Projekten, die sich auf die lebende Fauna beziehen (Monitoring der Biodiversität), wie auch im Bereich der Archäozoologie – eine Tätigkeit, die ihn leider dazu zwingt, die Speläologie auch unter sportlichen Aspekten zu betreiben.

Pierre-Yves Jeannin

Doktor der Hydrogeologie, Experte für Karst-Aquifere, Spitzen-Speleo, Topograf, unermüdlicher Forscher, Initiator und Direktor von SISKA. Findet dennoch Zeit, sich mit seinen 3 Kindern zu beschäftigen.

Jean-Claude Lalou

Chemieingenieur und diplomierter Geowissenschaftler, ehemaliger Präsident der Schweizerischen Gesellschaft für Höhlenforschung, mag Literatur (auch solche, die unter der Erde spielt), Co-Autor des Buchs »In den Höhlen der Welt« (Mondo, 1991). Könnte (fast) der Vater der anderen sein – ist somit respektabel und wird auch respektiert!

Marc Luetscher

Geologe mit Fachgebiet Karst und praktischer Speläologie. Interessiert sich vor allem für Höhlenklima-Protokolle. Hat über die Eishöhlen des Jura promoviert, die für ihn zu einem echten Zweitwohnsitz wurden.

Schweizerisches Institut für Speläologie und Karstforschung (SISKA – französisch: ISSKA)

Im Jahr 2000 auf Initiative der Schweizerischen Gesellschaft für Höhlenforschung gegründet, ist SISKA eines der ganz wenigen weltweit existierenden Kompetenzzentren für Speläologie und Karstwissenschaften. Das Institut stellt Behörden Informationen zur Verfügung, die der Bewältigung von Problemen mit der Welt unter Tage dienlich sind (wissenschaftliche Forschung, Schutzmaßnahmen, Dokumentation, Sicherheit etc.). SISKA verfolgt das Ziel, die Arbeit der Höhlenforscher zu fördern, zu lenken und herauszustellen, um sie allen potenziellen Interessenten – Behörden, Universitäten, privaten Einrichtungen, Schulen und der breiten Öffentlichkeit – leichter zugänglich zu machen.

Alle Autoren dieses Buchs sind regelmäßige Mitarbeiter von SISKA.

Inhalt

Vorwort

Speläologie – ist das die Geschichte einiger verdreckter, durchgefrorener und erschöpfter Männer, die die Grenzen des Möglichen sprengen, indem sie in unvorstellbare Tiefen vordringen? Ein Unfall, der im Freien glimpflich ausgehen könnte, hier aber wegen der Lage des Opfers hinter gewaltigen Barrieren gigantische Ausmaße annimmt? Oder eine Naturkatastrophe wie plötzliches Hochwasser oder ein Felssturz, der ein gutes Stück Boden verschlingt?

Bisweilen ist Speläologie – die Wissenschaft, die sich mit der Erkundung von Höhlen befasst – etwas von alledem, doch vergessen wir nicht die andere Seite: majestätische Sintervorhänge und Wälder aus Stalagmiten, die fast unvorstellbar langsam wachsen. Ewige Finsternis, der kristallene Gesang der Wassertropfen und das angenehme Frösteln, das dieses Versinken in Zeit und Raum verursacht ...

Dass das Wort »Höhle« Klischees hervorruft, geht auf Unkenntnis zurück. Dabei ist es in der Tat nicht einfach, selbst in einem ganzen Buch die zahlreichen Facetten dieses Themas zu vereinen, das sich keineswegs auf den sportlichen Aspekt reduzieren lässt. Wer weiß schon um die Existenz unterirdischer Flüsse und ihren möglichen Nutzen als Trinkwasserquelle? Wer vermutet Tierarten unter der Erde, die sich seit Jahrmillionen nicht verändert haben? Und wer kennt die außergewöhnliche, bis heute fortdauernde Geschichte der Erforschung von Höhlen überall auf der Welt?

Dieses Buch versteht sich als Plädoyer, das mit der Speläologie als einer komplexen, umfassenden und unvergleichlichen Aktivität bekannt machen will. Ausgangspunkt ist in jedem Fall die individuelle Gefühlsregung, sei es Anziehung oder heftige Abneigung, denn niemand begegnet der Welt dort unten mit Gleichgültigkeit. Dem folgt eine Flut von Fragen und Antworten: Warum und wie schafft das Wasser Hohlräume? Man erläutert uns die Regeln, nur um sie durch zahlreiche Ausnahmen zu bestätigen; welche Merkwürdigkeiten die Natur doch geschaffen hat! So führt die anfängliche Verwunderung letztlich zum Respekt.

Nach und nach vereinigen sich die unterschiedlichen Gesichtspunkte, und es entsteht ein vollständiges Bild mit so unterschiedlichen Facetten wie der Geologie, der Höhlenerkundung, Klimatologie, Regionalgeschichte, der Biologie ... oder auch nur der Lektüre. Aufeinander aufbauende Kapitel berichten davon, dass im Zuge der Höhlenforschung unterirdische Wasserreservoirs erschlossen und archäologische Schichten entdeckt werden können. Auch wenn der Höhlenforscher persönliches Vergnügen an einer naturnahen Aktivität empfindet, kann er gleichzeitig eine Vielzahl wissenschaftlich verwertbarer Daten sammeln. Nicht selten trifft er unerwartet auf endemische Tierarten, und bisweilen handelt er zum Nutzen aller, wenn es gilt, eine unterirdische Rettungsaktion durchzuführen. Und nicht zuletzt engagiert er sich auf vielfältige Art und Weise für den Schutz der Kalklandschaften.

Ist die Höhlenforschung eine reine Männerdomäne? Die Entdeckungsgeschichte zahlreicher Höhlen und das Autorenteam dieses Buchs könnten zu der Annahme verleiten. Auf den ersten Blick erscheint die Erforschung von Höhlen eher als etwas Männliches, da hier schließlich ständige Finsternis, Kälte und Feuchtigkeit regieren. Doch das ist nur die halbe Wahrheit, denn Entschlossenheit und Ausdauer kennen keinen Geschlechtsunterschied, und die heute verfügbaren Techniken machen es allen möglich, bequem voranzukommen. Diesem krassen Klischee stelle ich mich gern entgegen! Muss ich wirklich daran erinnern, dass bereits Norbert Casteret, einer der Pioniere der französischen Höhlenforschung, seine Frau als das zuverlässigste Teammitglied betrachtete? Und wenngleich die meisten Höhlenforscher männlich sind, so besitzt die Höhlenwelt doch eine ausgesprochen weibliche Natur.

Ich wünsche dem Leser und der Leserin dieses Buches, dass sie bei der Lektüre die ganze Vielfalt und Schönheit der unterirdischen Landschaften entdecken.

Catherine Perret, Naturwissenschaftlerin und Forschungsreisende

1

MENSCH
UND HÖHLE

Unterirdische Fantasiewelten

Angst vor der Finsternis

Höhlenmenschen

Unterirdische Fantasiewelten

Jean-Claude Lalou

In Sneffels Yoculi craterem kem delibat umbra Scartaris Julii intra calendas descende audas viator, et terrestre centrum attinges. Kod feci.

Bei aller Begeisterung für Literatur wird wohl kaum ein Leser in der Lage sein, diese wenigen Zeilen fragwürdigen Lateins flüssig aufzusagen. Und noch weniger, den Autor zu benennen. Dennoch haben diese magischen Worte die Fantasie vieler gleichsam begründet. Der entschlüsselte Text ist nämlich jene Formel, mit der Arne Saknussemm, der von Jules Verne erfundene Alchimist, seine »Reise zum Mittelpunkt der Erde« zusammenfasst. Eine höchst wunderliche Irrfahrt, deren Spuren Prof. Lindebrok und sein Neffe Axel zu folgen versuchen.

Der Protagonist des von Riou illustrierten Romans von Jules Verne stellte sich vor, wie er durch einen Diamanten reist.

Liegt unsere kollektive Fantasiewelt möglicherweise unter der Erde?

Das Herz unseres Planeten oder – weniger tiefgründig – das Innere der Berge wurde im Lauf der Geschichte auf sehr unterschiedliche Weise beschrieben, imaginiert und sogar erträumt. Nach Lektüre einiger literarischer oder naturwissenschaftlicher Schriften, die sich auf das Unterirdische beziehen, wird man verwundert feststellen, dass es den Wissenschaftlern nicht an Fantasie und den Romanciers nicht an Realitätssinn mangelt. Die Bilder und Modelle schwanken je nach Epoche zwischen zügellosen Phantasmagorien und realistischen Visionen. Die Höhle ist ein sicherer Hort oder eine Vorhölle, die Quelle eines zentralen Feuers oder ein friedliches Refugium.

Abenteuer Labyrinth

Was erhoffen sich Menschen, die sich den Rätseln und Gefahren des Labyrinths stellen? Das Abenteuer, auch wenn sie es mit dem eigenen Leben bezahlen, oder mehr noch die Kenntnis des Universums, vielleicht gar die Begegnung mit einem Gott? Ob man nun die Antwort in der kretischen Mythologie sucht, in den Fiktionen eines Jorge Luis Borges oder in der eigenen Angst, den Ausgang aus der Unterwelt nicht mehr wiederzufinden – stets überrascht die Vielfalt der Antworten, die man uns gibt oder die uns selbst spontan einfallen.

In diesem Reich der Finsternis klar zu sehen, erscheint sehr schwierig. Symbolisch betrachtet, handelt es sich um unseren Anfang und unser Ende: zwischen Mutterleib und Grab ist unser

▸ »Mundus subterraneus« ist eines jener reich illustrierten Werke aus dem 17. Jahrhundert, die die Rätsel der Natur mithilfe von gewagten und fantasievollen, doch zugleich auch fundierten Theorien zu erklären suchen.

irdisches, sonnenbeschienenes Dasein nur ein Übergang.

Der Jesuit Athanasius Kircher war ein Universalgelehrter. Erfinder der Laterna magica und der mathematischen Orgel (einem frühen Vorläufer des Computers), befasste er sich bereits 2 Jahrhunderte vor Champollion mit dem Entschlüsseln von Hieroglyphen und trug an der Seite von Tycho Brahe zum Fortschritt der Astronomie bei. Und als vielseitiges Genie warf er auch einen Blick in die Tiefe. Seine Theorie der unterirdischen Welt könnte einem rationalen heutigen Geologen sinnentleert erscheinen, doch sie verdient eine nähere Betrachtung. Kirchers berühmtestes Werk »Mundus subterraneus« bietet auf 600 reich illustrierten Seiten die enzyklopädische Vision einer irdischen Welt, die durch ein zentrales Feuer belebt wird. Demnach lässt ein Kessel die Flüssigkeiten in einem System aus kontinuierlich bewegten Kanälen aus Feuer oder Wasser zirkulieren, wodurch sich Gezeiten, Meeresströmungen, Quellaustritte, Vulkanausbrüche und Erdbeben erklären. Kommentiert wird dies mit den Worten eines kundigen Physikers. Kircher erwähnt den Druck und die Dichte der Flüssigkeiten sowie Experimente mit kommunizierenden Röhren, um eine hydrografische Theorie zu begründen. Die Geysire erklärt er durch einen Wärmeüberschuss, Erdbeben durch explodierende schwefelige Dämpfe. Kühl sezierend, kommt er bei seiner Darstellung des Erdinneren ohne Rätsel und

▲
Mehrere große Denker, die ihr enzyklopädisches Wissen ausbreiteten, ebneten so bereits in der Renaissance der Aufklärung den Weg. Athanasius Kircher war einer von ihnen.

Phantasmen aus. Kircher beschreibt ein konkretes, vollständiges und detailliertes Modell der Erde, das mit ebenso präzisen wie prachtvollen Stichen anschaulich illustriert wird. Aus heutiger Sicht ein gewiss überholtes, doch immerhin kohärentes Modell.

Unterirdische Brennkolben

Noël Antoine Pluche, ein berühmter populärwissenschaftlicher Autor des 18. Jahrhunderts, trifft die üblichen Vorkehrungen, um bestehende Glaubensvorstellungen nicht umzustürzen: »Indem es vor unseren Augen Flüsse strömen lässt, deren Entstehung es vor uns verbirgt, scheint es dem Höchsten Wesen gefallen zu haben, uns den Charakter seiner stets fruchtbaren und gütigen, doch für unsere Augen unerreichbaren Natur aufzuzeigen.« Hinsichtlich der Quellen wendet er sich ebenso entschieden gegen die unterirdischen Brennkolben des Descartes wie gegen die porösen Filter eines René Rapin, die Meerwasser angeblich in Quellwasser verwandeln. Nachdem er diese beiden Theorien mithilfe von experimentell verifizierbaren Argumenten entkräftet hat, verteidigt er die Theorie Mariottes, die die Speisung der Quellen durch Verdunstung und Kondensation erklärt. Das Licht der Aufklärung fällt auch in die Höhlen, deren Funktion als Auffangbehältnis für das per Schwerkraft hineinfließende Wasser erkannt wird.

In der Literatur verändert sich die Wahrnehmung der unterirdischen Welt eher nach dem Dafürhalten des jeweiligen Autors, unabhängig von der Epoche und den jeweils gültigen naturwissenschaftlichen Erklärungsmodellen. Die symbolische Dimension ist hier selbstverständlich weit stärker präsent als bei den Naturtheoretikern. Zufluchtsstätte für die Griechen und ihre Götter, Vorzimmer von Hölle oder Paradies, bevorzugter Ort der Reflexion römischer Kaiser ebenso wie antiker Hirten, Ort der Einweihung in die Magie oder Hexerei, Hort der Geheimnisse des Herzens oder der Ursprünge – das Unterirdische ist stets ein symbolhafter Ort von besonderer Prägung.

In »Das Parfum« von Patrick Süskind verbringt der Protagonist 7 Jahre seines Lebens in einer Höhle ohne jede reale Existenz. Eine Höhle, die auf seine innere Gedankenwelt verweist und deren Vorhandensein uns auf subtile Art suggeriert wird. »Und nun war das Entsetzliche, dass Grenouille, obwohl er wusste, dass dieser Geruch *sein* Geruch war, ihn nicht riechen konnte. Er konnte sich, vollständig in sich selbst ertrinkend, um alles in der Welt nicht riechen! ... Der Schrei ... fuhr aus dem Herzen ..., raste über die nächtliche Landschaft seiner Seele wie ein Feuersturm, gellte aus seinem Mund hervor, durch den gewundenen Stollen, hinaus in die Welt ... Er warf sich die Pferdedecke über die Schultern und kroch hinaus ins Freie. ... Er hockte sich vor der Höhle auf den Boden.« Eine suggerierte, niemals erkundete Höhle, Abbild des inneren Refugiums eines Menschen auf der Suche nach derart ätherischen Teilen seiner selbst, dass er die Neutralität des Unterirdischen benötigt, um auch nur den Versuch zu wagen, diese wahrzunehmen.

▲ *Beim Abstieg in einen finsteren Schacht sollte man tunlichst schwindelfrei sein. Dennoch macht sich die unsichtbare Leere stets bemerkbar.*

Unter der Erde gibt es kein Ende

J.R.R. Tolkien ist auf der ganzen Welt als Schöpfer fantasievoller Romane bekannt, die bei diversen Mythen Anleihen machen. So überrascht es nicht, dass er seine Höhlen mit Zwergen, Drachen, Kobolden und anderen hinterlistigen Kreaturen bevölkert. Interessanterweise liefert uns dieser Meister der Fantasie in »Der kleine Hobbit« eine Beschreibung von Höhlen, die in ihrer knappen Nüchternheit nur realistisch genannt werden kann: »Darin liegt natürlich die Gefahr der Höhlen: Manchmal weiß man nicht, wie weit sie gehen, wohin ein Gang wohl führen mag oder was einen drinnen erwartet.« Eine zusammenfassende Darstellung, die jeder heutige Höhlenforscher unterschreiben würde, denn es gehört gerade zum Wesen der unterirdischen Erkundung, dass sie nie vollendet ist. Im Gegensatz zum Bergsteiger, der sich per Rundumblick überzeugen kann, dass er auf dem Gipfel steht und es nicht mehr höher geht, ist der Speläologe stets auf der Suche nach jener Fortsetzung der Höhle, die seine Vorgänger nicht finden konnten. Unter der Erde gibt es kein Ende.

Im 19. und 20. Jahrhundert entstanden zahlreiche metaphysische Romane, deren Schauplatz unter der Erde liegt. Ihr Wegbereiter war wohl F.M. Dostojewski mit den »Aufzeichnungen aus einem Totenhaus«. Worte wie diese sollten den Leser verstören: »Ich bin ein kranker Mann ... Ich bin ein boshafter Mann. Ein abschreckendes Beispiel, das bin ich. Ich muss es wohl an der Leber haben ...« Tief in seinem Loch verkrochen, setzt der kleine russische Beamte zu einem langen, düsteren und giftigen inneren Monolog an. Er verachtet jene, die für das Glück der anderen arbeiten und angeblich eine bessere Welt schaffen. Er indes, wenn er denn handeln könnte und wollte, würde das Chaos hervorrufen. Der Erzähler berichtet von seiner reduzierten Existenz: »Mein Leben war bereits düster, ungeordnet und einsam bis zur Menschenscheu. Ich begegnete niemandem, vermied es gar zu sprechen und zog mich mehr und mehr in mein Loch zurück.« Dostojewski beschreibt die unterirdische Entwicklung einer Intelligenz, die sich in den Windungen des Bewusstseins verirrt wie eine kranke Ratte in ihren Gängen. Wucherungen von Gedankengängen und Wegen, die nirgendwo hinführen. Wie in einem Labyrinth, das

◄ *Das Bild des Abgrunds, sei er unheilvoll oder einladend, ist ein Phantasma des Menschen, in das er seine Ängste wie auch seine geheimen Wünsche projiziert.*

◀ *Platons Höhle ist ein Sinnbild für die Grenzen, die dem Menschen beim Erwerb des Wissens gesetzt sind.*

◀ *Es ist verrückt: Unter der Erde verändert sich die Wahrnehmung je nachdem, ob man dem Sonnenlicht entgegenstrebt oder nur mit einer Taschenlampe bewaffnet weiter nach innen vordringt.*

mit seiner zunehmenden Zahl von Alternativen zur Desorientierung und Verzweiflung führt.

Es wäre ein sträfliches Versäumnis, nicht darauf hinzuweisen, dass bereits Platon im 4. Jahrhundert v.Chr. in seiner »Politeia« die Höhle zum Schauplatz seiner Morallehre wählte – hier freilich nicht als Labyrinth, in dem man sich durch den Überfluss an Gedanken verliert, sondern vielmehr als einen Ort, der nur beschränktes Wissen ermöglicht. Gleichsam eine intellektuelle Mischbatterie, die verhindert, dass wir uns beim Kontakt mit dem vollständigen Wissen verbrennen. Der Mensch befindet sich in der Höhle, die Götter außerhalb. Einige außergewöhnliche Menschen erreichen das Licht; werden sie jedoch »von göttlichen Anschauungen unter das menschliche Elend versetzt«, ereilt sie ein Desinteresse an der menschlichen Gattung und der sinnlichen Welt und sie flüchten sich in eine Welt der Ideen. Der Kontrast zwischen der unterirdischen Undurchsichtigkeit und der himmlischen Transparenz begründet die platonische Dialektik.

Zeitgenössische Sichtweisen

In »La caverna« entwirft der erst spät von Kritik und Öffentlichkeit entdeckte portugiesische Autor José Saramago in einer sehr persönlichen Sprache ein gewaltiges Fresko der modernen Welt, eine Allegorie der menschlichen Gattung und unserer heutigen Welt, die wir formen und die sich doch anschickt, uns zu verschlingen. »Wir sagen zu den Unbesonnenen: Erkenne dich selbst, als sei sich erkennen nicht die fünfte Operation der menschlichen Arithmetik und die schwierigste dazu, wir sagen zu den Willensschwachen: Wollen heißt können, als würden die bestialischen Realitäten der Welt nicht Gefallen daran finden, die Stellung dieser beiden Verben umzukehren, wir sagen zu den Unentschlossenen: Man muss mit dem Anfang beginnen, als sei der Anfang das stets sichtbare Äußerste eines schlecht aufgewickelten Fadens, an dem man nur immer weiter ziehen müsse, um zum anderen Äußersten, dem des Endes, zu gelangen, und als hätten wir zwischen diesem und jenem einen glatten und durchgehenden Faden in Händen, ohne dass es derweil notwendig gewesen wäre, Knoten zu entfernen oder das Knäuel zu entwirren . . .« Eine interessante Neuauflage des Mythos der Ariadne, die mit ihrem berühmten Faden, auf den später noch einzugehen sein wird, den Weg aus dem Labyrinth suchte.

In »Freitag oder im Schoß des Pazifik« bietet uns Michel Tournier einige überaus sinnliche Aspekte. »Doch seit einigen Wochen nahm die Höhle für ihn eine neue Bedeutung an. In seinem zweiten Leben – jenes, das begann, nachdem er seine Attribute als Generalgouverneur-Administrator abgelegt hatte und er die Wasseruhr anhielt – war Speranza nicht mehr eine zu verwaltende Besitzung, sondern eine unstrittig weibliche Person, zu der ihn seine philosophischen Spekulationen ebenso hinzogen wie die neuen Bedürfnisse seines Herzen und Fleisches. Nunmehr fragte er sich vage, ob die Höhle der Mund, das Auge oder eine andere natürliche Öffnung eines großen Körpers sei und ob ihre zum Abschluss gebrachte Erkundung ihn nicht in einen verborgenen Winkel führen würde, der einige der Fragen beantwortete, die er sich stellte.« Während er tiefer in die Höhle vordringt, entdeckt Robinson eine Nische, in die er sich kauert, mit dem Kinn auf den Knien; hier erinnert er sich an vergessene Szenen aus seiner frühen Kindheit und kann die schreckliche Bruderschaft von Geburt und Tod am Urgrund der Sexualität entdecken.

Dieses Meisterwerk liefert uns alle benötigten Schlüsselbegriffe: Dualismus von Leben und Tod, Wechsel von Tag und Nacht und die unter der Erde stehen bleibende Zeit.

Angst vor der Finsternis

Jean-Claude Lalou

Als prägnantes Abbild der Ängste und Freuden jener alten Kulturen, die uns vorangegangen sind, birgt die Mythologie eine Vielzahl symbolhafter Abenteuer, die sich in den Eingeweiden unseres Planeten abspielen.

Das griechische Pantheon ist ebenso reich an in der Erde wohnenden und wirkenden Gottheiten wie an olympischen Göttern, die auf dem Gipfel himmlischer Berge thronen. Der grundlegende Dualismus von Gut und Böse, Licht und Schatten lässt die Subtilität der griechischen Mythologie indes kaum erahnen. Nehmen wir zum Beispiel Herakles, den hyperaktiven Halbgott und göttlichen Superman. Man kann in ihm den unermüdlichen Arbeiter sehen, den starken, mutigen Mann, Verteidiger des Rechtmäßigen. Oder man sieht in ihm einen Apfeldieb (im Garten der Hesperiden), brutalen Stallburschen (in den Ställen des Augias) und blutrünstigen Jäger (des Nemeischen Löwen). Doch wer weiß schon, dass einige seiner 12 Arbeiten aus ihm einen frühen Speläologen hätten machen können?

Die unterirdische Welt ist mit den unterschiedlichsten guten und bösen Geistern reich bevölkert.

Der Stymphalische See überschwemmt die Ebene, wenn das Regenwasser nicht rasch genug aus der an seiner tiefsten Stelle gelegenen Grotte abfließen kann. In diesem Fall ertrinkt alles in dieser Höhle lebende Getier. Die Kadaver locken Schwärme gefiederter Aasfresser an. Diese soll Herakles getötet haben, um die Ebene trockenzulegen. Hätte er nicht besser die verstopfte Grotte vom Schutt befreien sollen als Vögel umzubringen?

Das versickerte stymphalische Wasser tritt am südlichen Rand der Ebene von Argos in der Lerna-Schlucht und in Form mehrerer Quelltöpfe entlang einer Kluft wieder nach oben, neben einer aus einem tiefen Schacht sprudelnden Quelle. Nach dem Namen des Ortes gefragt, wird jeder Hirte »Kephalaria« antworten und sich dabei mit dem Zeigefinger an die Stirn tippen – um zu bekunden, dass es sich bei den Quellen um Köpfe handelt. Aha: Die Lernaische Schlange (Hydra), dieses Ungeheuer, das die Einheimischen terrorisierte und dem jeder abgeschlagene Kopf wieder nachwuchs, steht für eine Karstquelle mit graugrünem Tiefenwasser. Der Körper des Tieres ist ein Abbild der unterirdischen Rinne, und seine 9 Köpfe repräsentieren jene zahlreichen Quellen, deren Wüten die angrenzenden Felder verwüstete. Der Legende nach ist Herakles mit dem Ungeheuer fertig geworden, indem er die 9 Köpfe auf einen Streich abschnitt.

Ist es das gleiche Wasser, das hier versinkt und anderswo aus dem Fels sprudelt? Eine scheinbar einfache Frage, doch der mit Ängsten verwobene Schleier des Rätselhaften blieb lange ungelüftet. Dabei kann bereits die Lernaische Schlange (Hydra) als Sinnbild der unerschöpflichen Quellen gelten.

◄ *Der Mensch siedelt seine Dämonen wie auch Götter unter der Erde an und erfindet Botschafter für ihren Kontakt mit der Außenwelt. Zu diesen Vermittlern oder Eskorten gehören gute wie böse Drachen.*

Erdmutter und Himmelsvater

Bei unseren anderen Vorfahren, den Kelten, ist die unterirdische Welt originell und weiblich. Die Tuatha de Danann, die Kinder der Göttin Erdmutter Dana, landen unter Führung des Gottes Lug in Irland. Als die vom europäischen Festland kommenden Kelten dort sesshaft werden wollen, bleibt ihnen keine andere Wahl, als ihre Vorgänger zu vertreiben. Die siegreichen Kelten teilen sich das Land, und die Tuatha de Danann ziehen sich auf die Inseln und unter die Erde zurück. Eine merkwürdige Niederlage freilich, denn die in Erdhügel ausquartierten Helden nehmen rasch ein feenhaftes Wesen an und werden genau von jenen, die sie vertrieben hatten, als Götter angesehen. Die vergötterten Tuatha de Danann leben in der unsichtbaren Parallelwelt der »sidhs«, mithin der im Inneren jedes Tumulus verborgenen Dolmen, bleiben jedoch den Menschen sehr nah. Für die Kommunikation zwischen beiden Welten gab es das alljährlich in der ersten Novembernacht stattfindende große Keltenfest Samain, an dem die Erdhügel weit geöffnet waren. Das Samain diente der Überhöhung der Gemeinschaft der Lebenden und Toten. Die Christen machten daraus Allerheiligen, das inzwischen zunehmend durch Halloween vereinnahmt wird.

Das vom Christentum auf Kosten der naturgemäßen Feier der Wintersonnenwende eingeführte Weihnachtsfest enthält noch Spuren der alten Volkstraditionen. Um Mitternacht geschehen seltsame Dinge: Das Brunnenwasser wird zu Wein, und unterirdische Glocken beginnen zu läuten.

Überdies ist das Christentum für eine nachhaltige Umkehrung der ursprünglichen heiligen Traditionen verantwortlich. Nach Moses wird der Vater wichtiger als die Mutter, indem man die Muttergöttin durch einen männlichen, möglichst noch bärtigen Gott ersetzt. Seit grauer Vorzeit (auch der in den Höhlen) wurde die Mutterschaft stets kultisch

◄ *In der keltischen Tradition verkörpern in den Tumuli vergrabene Dolmen die Welt der »sidhs«. Eingeritzte Symbole künden von der Verbindung mit der göttlichen, aber auch der astronomischen und wissenschaftlichen Himmelswelt jener Zeit.*

verehrt. Für manche war dies im Urchristentum weiterhin der Fall: Der Garten Eden war der mütterliche Schoß, das Drama der Vertreibung das der Geburt. Das erste Lebewesen ist notwendigerweise weiblich. Da sogar die Jungfrau Maria Mutter wurde, versuchte man bisweilen, auch dem Vater das Gebären zu ermöglichen. Die Ureinwohner Nordamerikas fanden eine synkretistische Lösung, indem sie die Welt durch die Göttin Erdmutter und den Gott Himmelsvater entstehen ließen. Auch die Sprache, die uns viel über unsere Vergangenheit zu sagen vermag, erinnert uns daran: Die Erde (la terre) ist weiblich und der Himmel (le ciel) männlich – einer der eher seltenen Fälle, wo sich das Deutsche und Französische beim Geschlecht wichtiger Begriffe einig sind.

Die keltische Bretagne stellte ihre steinernen Männer unter dem Namen Menhire auf. Verknüpft mit den Himmelsrichtungen und Gestirnen und angeblich ausgerichtet auf unterirdische Wasserläufe, mögliches Bindeglied zwischen den verborgenen Tiefen der Erde und den unergründlichen Weiten des Universums, waren dies Zeugnisse der Verehrung von Sonne und Mond und zugleich Instrumente rätselhafter Kulte, deren Realität, Bedeutung und auch Nutzen unbestreitbar ist, denn man bewegt schließlich nicht umsonst Monolithe, die bisweilen mehr als 100 Tonnen wiegen.

Die Schlange Vouivre, ein Fabeltier aus der Franche-Comté, vereint mehrere Aspekte der unterirdischen Welt: Sie lebt unter der Erde und kommt in der Regel nur einmal im Jahr hervor, meist bei einer aus einer Grotte fließenden Quelle oder auch einem Brunnen; dies ist ihre aquatische Seite. Die geflügelte Schlange besitzt aber auch noch eine vulkanische, womöglich dem zentralen Erdfeuer entlehnte Seite. Auf der Stirn trägt sie nämlich einen Karfunkel, der stark an glühende Kohle erinnert, und sie speit im Bedarfsfall gern Feuer.

Auch die ersten unterirdischen Heldentaten (oder vielmehr Missgeschicke) des Menschen waren durch Ängste und Phantasmen geprägt, die wir keineswegs als kalten Kaffee abtun wollen, da sie unvermindert aktuell sind. Hier 2 Geschichten, eine aus einem alten Buch, die andere jüngeren Datums und mündlich überliefert.

»Im Fall man sich verirrt«

In Amsterdam und Paris erscheint 1575 die »Cosmographie universelle de tout le monde« von François de Belleforest. Er schreibt: »Nahe bey Miramont, das ist ein Dorff im Périgord, es giebt eine Höhle, von den Einheymischen Cluzeau genannt, von der jene, die sie betreten haben, Wunderliches berichten . . . [Sie] erzählen von mancherley Fontenen und Wassern, darunter eines von 100 bis 120 Fuß Breyte, das mit grosser Schnellheyt rinnt, sonst sehr hohl und tief ist und niemand zu überschreyten wagt, obschon noch viel Raum dahinter.« Später empfiehlt der gaskognische Edelmann, die Höhle »nur in großen Mengen und mit vielerley Lichtern, Fakeln und Laternen [zu betreten], denn Lichtscheyn ist nur am Eingang«, und Proviant mitzunehmen, »um davon zu zehren, im Fall man sich verirrt«.

▲ *In Rouffignac (Dordogne, Frankreich) formen Mammuts einen komplexen Bilderreigen.*

▲ *Die bloße Vorstellung, sich am Grund eines vollständig geschlossenen Schachts zu befinden, ohne die Wände zum Klettern benutzen zu können, stellt selbst für den abgehärteten Speläologen eine gewaltige mentale Herausforderung dar.*

Rund 20 Jahre später treffen 2 Reiter in Miremont ein, die eigens aus Holland gekommen sind, um den Cro de Cluzeau zu besuchen (vermutlich haben sie Belleforests »Cosmographie« gelesen). Da die Höhle als ein veritables Labyrinth gilt, erkundigen sie sich nach einem Führer. Ein Bauer aus Rouffignac ist bereit, sie bis zu dem Fluss zu geleiten, und teilt den Fremden mit, dass sie sich auf einen 8-stündigen unterirdischen Marsch gefasst machen müssen. Tags darauf sind alle 3 schon sehr früh auf den Beinen und machen sich, versehen mit Fackeln, Kerzen und Proviant, auf den Weg. Am Abend sehen die Dorfbewohner den Führer ohne die beiden Männer zurückkehren. Er berichtet: Am Höhlenfluss angekommen, weigerten sich die beiden Batavier, wie vereinbart umzukehren. Vielmehr wollten sie den unbekannten Fluss erkunden. Vor dieser starrsinnigen Torheit kapitulierend, ließ der Bauer die Fremden zurück und kehrte allein heim.

9 Tage später sehen die Bauern von Miremont, wie ein nacktes, stammelndes Gespenst aus der Höhle tritt und wie vom Tageslicht übermannt in Ohnmacht fällt. Stockend berichtet der Mann später von seinem Abenteuer: Erst als ihnen die Reservelichter ausgegangen waren, hätten er und sein Begleiter an die Rückkehr gedacht. Bald von der Finsternis umhüllt, hätten sie nach und nach ihre Kleider verbrannt, um wenigstens etwas sehen zu können. In vollkommener Dunkelheit hätten sie schließlich angestrengt versucht, den Ausgang zu ertasten. Angst, Kälte und Hunger hätten seinen Freund überwältigt und er sei schließlich der Tobsucht erlegen. 2 Tage später starb auch der Erzähler an physischer und nervöser Erschöpfung.

Der heutige Höhlenforscher verfügt über deutlich bessere Leuchtmittel. Und er kann darauf hoffen, dass bei einem Zwischenfall Retter aktiv werden, sofern er jemanden über sein Vorhaben

die Höhle war der Mund,
das Auge oder eine andere natürliche
Öffnung dieses großen Körpers

informiert hat. Dennoch ist die Situation, in der man den Rückweg nicht mehr findet, eine echte Prüfung. Wenn die Erschöpfung spürbar wird und man weiß, dass die Lichtreserven bald erschöpft sein werden, scheint sich alles gegen einen zu verbünden. Man verliert rasch die Nerven, und das Gefühl, im Kreis zu gehen, erschüttert selbst den festesten Charakter.

Phantasmen der Finsternis

Die zweite Geschichte ereignete sich in den 1980er-Jahren. Ein erfahrener Höhlenforscher, nennen wir ihn Marc, und seine beiden Kinder – Anne, 10 Jahre, und Francis, 7, – steigen in eine bescheidene Höhle im Waadtländer Jura, einen Klassiker für junge Höhlenforscher: Über einen 7–8 m tiefen Schacht gelangen sie in ein mehr oder weniger horizontales und somit ungefährliches Höhlensystem, in dem man sich schwerlich verlaufen oder verletzen kann. Überzeugt, dass eine Engstelle den besten Hinweis auf das individuelle Talent gibt, drängt Marc seinen Sohn, möglichst weit in eine schmale Nische vorzudringen, in die er sich selbst schon einmal gerade hatte hineinzwängen können. Der Vater bleibt dem Sohn dicht auf den Fersen, der mit seiner zierlichen Gestalt womöglich weiterkommen wird als jeder andere vor ihm. Doch Francis kehrt bald rückwärts kriechend zurück und verneint. Vom Gegenteil überzeugt, besteht Marc auf einem zweiten Versuch. Vergeblich. Enttäuscht, dass der Entdeckervirus doch nicht so leicht übertragbar ist, will der Vater seinen Sprössling eben eine Memme schimpfen, als ihn die eigene Vergangenheit schlagartig einholt.

Wir befinden uns im Jahr 1964, Marc ist 18 und hat erst vor 2 Jahren seine erste Höhle betreten. Eine späte Leidenschaft, doch seither ist kaum ein Sonntag vergangen, an dem er sich nicht mit seinen Lyoner Freunden unter der Erde wiedergefunden hätte. Heute sind sie zum zweiten Mal in der Grotte du Guiers-Mort am Fuß des Dent de Crolles. Beim letzten Mal hatten ihnen die grünen Wasser des Siphons (vollständig mit Wasser gefüllter Gang) Einhalt geboten. Nun war es Winter, und auf dem Weg zur Höhle 3 Stunden lang durch den hüfthohen Schnee zu stapfen, hatte ihrer Tatkraft einen starken Dämpfer verpasst. Diesmal mussten sie die gerade Wand erklimmen. Vor den beiden Ersten eröffnet sich ein Gang. An einer Kreuzung versucht jeder sein Glück, Mark links, sein Kumpel geradeaus. Eine Viertelstunde später sind sie wieder am Ausgangspunkt; der Kumpel war in eine Sackgasse geraten und Marc behauptete dasselbe. In Wahrheit hatte er ein merkwürdiges Erlebnis gehabt.

Überzeugt, dass seine Intuition ihm recht geben würde, hatte Marc den linken Gang betreten, als er plötzlich, nur wenige Meter entfernt, mitten im Gang eine dunkle, zusammengekauerte Gestalt bemerkte. Sein Verstand befahl ihm weiterzugehen, doch die Beine weigerten sich. Falls jemand da war, musste man dem Verletzten helfen, doch dieser Jemand war einfach zu regungslos, um nur verletzt zu sein. Marc spürte, dass er nicht fähig wäre, einem Toten zu begegnen. Lange Minuten wie angewurzelt dastehend, redete er sich ein, dass der vermeintliche Leichnam nicht mehr war als der Schatten eines Felsen, ein Trugbild, das sich auflösen würde, wenn er nur 3 Schritte nach vorn täte. Diese Schritte aber gelangen ihm nicht. Der Rückzug war schmachvoll, und das negative Ergebnis seines Gefährten bot ihm eine überaus willkommene Entschuldigung: Ja, auch er sei in eine Sackgasse geraten. Marc kehrte nie wieder nach Guiers-Mort zurück, was ihn indes nicht daran hinderte, mit Francis einige Jahre lang eine ideale Seilschaft zu bilden und schöne Entdeckungen für sich zu verbuchen.

▼
Die Passage einer Engstelle ist eine Prüfung, bei der sich die mentalen Qualitäten am deutlichsten offenbaren. Geduld statt Panik! Geschmeidigkeit statt roher Gewalt!

Höhlenmenschen

Jean-Claude Lalou

Der nomadische Mensch schuf sich wohl nach jedem Halt eine neue Behausung oder führte gleich eine zerlegbare Unterkunft mit. Sesshaft geworden, erfand Homo die Architektur, indem er Dauerbehausungen errichtete. Die nächste Etappe war die der Vergesellschaftung, die wiederum zur Verstädterung führte.

Als im Quartär die großen Eiszeiten herannahten und Gletscher einen Teil Europas unter sich begruben, war Schutz gefragt. Rasch entdeckte der prähistorische Mensch die bemerkenswerte, bereits im Eingangsbereich spürbare thermische Stabilität von Höhlen. Unterirdische Behausungen boten eine passende Antwort auf die Klimakrise, wenngleich sie sich auf Höhleneingänge und Felsüberhänge (Abris) beschränkten, die man bisweilen mit einer kleinen Schutzmauer versah. So wurde vor fast 2 Millionen Jahren der Höhlenmensch geboren. Dabei mied er die Höhlen, auf die Bären ein Auge geworfen hatten. Lieber wählte er Höhleneingänge in sonniger Lage und mit Blick auf das vorbeiziehende Frischfleisch. Höhlen schützten indes nicht nur vor strengem Frost, sondern waren auch ein ideales Refugium, wo man tief schlafen, also auch träumen konnte. Während Tiere im Schlaf stets ein Ohr offen haben, konnte der von natürlichen Mauern umgebene Mensch seinen Schlaf nun der Obhut seiner Artgenossen anvertrauen. Die Hirnforscher sind zunehmend von der grundlegenden Bedeutung des Träumens für das Entstehen von Intelligenz überzeugt. Die Entdeckung der Höhle und die Erfindung des Feuers dürften somit maßgeblich an der Herausbildung bzw. Entwicklung der Gattung *Homo* beteiligt sein.

▸ *In Mesa Verde lebten die Anasazi bis vor 2000 Jahren in einem Komplex aus Höhlenbehausungen, in denen sie vor den sengend heißen Sommern ebenso geschützt waren wie vor den eisigen Winterstürmen des Colorado-Plateaus.*

▸ *Ein Höhleneingang in der Nähe einer Wasserstelle bildete für den prähistorischen Menschen einen idealen Ansitz. Hier konnte er für einige Nächte auch Zuflucht vor Unwettern und strenger Kälte finden.*

◄
Im mittelalterlichen Spanien boten die Covetes dels Moros eine gemeinschaftliche Zufluchtsstätte aus rund 50 kleinen, in die Felswand gehauenen Zellen, die durch schmale Durchlässe miteinander verbunden waren.

◄
Bauer vor seiner Felsbehausung unweit der belebten Straßen Berns.

Im Schoß der Höhle

Auf der anderen Seite des Atlantiks und während einer Epoche, die vor 25 000 Jahren begann und bis vor Kurzem andauerte, galt es, sich nicht nur vor Kälte, sondern vor allem vor Trockenheit zu schützen. Mesa Verde im südlichen Colorado ist die Heimat der ungewöhnlichen und rätselhaften Pueblo-Kultur der Anasazi. Hier stoßen wir auf Zeugnisse hoch entwickelter Höhlenbehausungen, die dank der lokalen Trockenheit überaus gut erhalten sind. Die schattige Lage der Felsüberhänge und die relative Kühle der angrenzenden Täler machten den Ort im Sommer bewohnbar. Und auch wenn der Wind im Winter Schnee auf die Hochebene wehte, waren die Anasazi in ihren Felswohnungen vor dem Schlimmsten sicher. Besondere Erwähnung verdient die Umweltverträglichkeit ihrer Behausungen, wie man sie bis heute im Kulturerbe der Hopi vorfindet. Ausgehend von den zwischen Himmel und Erde in die natürlichen Felsüberhänge gebauten Halbhöhlen entwickelten sich zwei verschiedene Bautypen: zum einen das würfelförmige »Pueblo« mit flachem, die Sonnenwärme gut aufnehmendem Dach, also ein aktiv beheiztes Haus. Und zum Zweiten die mit Ästen abgedeckte Bodenkammer, aus der die »Kiva« entstand, eine Art Schacht, dessen Deckel ein Eingangsloch besitzt. Hier haben wir es mit einer passiven Heizung zu tun, die von der thermischen Trägheit des Untergrunds profitiert.

Die Schutzfunktionen unterirdischer Behausungen wurden in verschiedener Weise genutzt. Eines der besten Mittel, Eindringlinge abzuwehren, ist die Unsichtbarkeit. Sich nicht damit begnügend, in dieser oder jener Höhle Zuflucht zu suchen, hat der sesshaft gewordene Mensch unterirdische Behausungen geschaffen, in denen er vor unerwünschten Besuchern verschwinden konnte. Anatolien, das, wenn man so will, direkt an der Route der Invasoren lag, bietet einige eindrucksvolle Beispiele für Zufluchtsstätten, die rund 1500 Jahre genutzt und bereits im 4. Jahrhundert v.Chr. von Xenophon erwähnt wurden: »Die Behausungen lagen unter der Erde. Ihre Öffnung ähnelte der eines Brunnens, doch das Innere war geräumig. Für das Vieh gab es in die Erde gegrabene Eingänge; die Menschen stiegen mit einer Leiter hinab. In den Behausungen gab es Ziegen, Schafe, Kühe, Geflügel und die Jungen dieser Tiere. Alles Vieh wurde drinnen mit Heu ernährt. Auch gab es Weizen, Gerste, Gemüse und Gerstenwein in Mischkrügen.« Von den rund 40 heute bekannten unterirdischen Zufluchtsstätten in Kappadokien ist Derinkuyu die tiefste und am leichtesten zugängliche, jedoch nicht die besterhaltene. In 55 m Tiefe hat man eine veritable Stadt in den Tuff gehauen, der vor 3 Millionen Jahren durch den wiederholten Ausbruch der Vulkane Erciyas Dagi und Hasan Dag hier abgelagert wurde. Die zahlreichen Kammern und Ställe sind mit Lüftungsschächten versehen und durch Rampen verbunden, die sich um einen zentralen Schacht winden. Rund 100 verborgene Eingänge bildeten die Verbindung zu den oberirdischen Häusern. Jeder Zugang besaß einen ausgefeilten, von außen nicht zu öffnenden »Riegel« in Form eines Mühlsteins, den man einfach davorrollte. Chroniken berichten, dass mehrere Tausend Menschen mitsamt Großvieh und Geflügel dort vollkommen autark einige Monate ausharren konnten. Hier zelebrierte man sogar religiöse Messen und braute Gerstenbier.

▲
Das unterirdische Dorf Sivasa in Kappadokien (Türkei) zeugt von einer raffinierten Strategie: Die Schließsteine sind mit einem Loch versehen, um Angreifer attackieren und die Höhlenräume belüften zu können. Die Kammern selbst sind so angeordnet, dass man bei Bedarf einen Rückzug in Etappen antreten konnte.

► ►
Die Felskuppe von Uçhisar (Kappadokien) ist mit Höhlenwohnungen übersät. Zwischen dem 5. und 11. Jahrhundert haben die Bewohner der Region zu Tausenden den weichen vulkanischen Tuff bearbeitet, um Zuflucht vor den Plünderern zu finden, die diesen Teil Kleinasiens häufig durchstreiften.

▲
Mit dem Finger in den weichen Lehm ritzend, schuf ein weit entfernter Vorfahr diesen ausdrucksvollen Uhu.

Der Schein trügt

Da der Mensch in seinen Artgenossen auch weiterhin oft nur den Feind erblickte, blieb dieses Phänomen nicht auf eine Region oder Epoche beschränkt. In der Picardie kennt man die Geschichte des unterirdischen Dorfs von Naours, einer in 30 m Tiefe gelegenen, fast perfekten Negativ-Replik der »Oberstadt«.

Im 14. Jahrhundert beginnt der Hundertjährige Krieg. Unzählige ländliche Siedlungen werden geplündert, auch wenn sie gar nichts mit dem Konflikt zu tun haben. Und im 17. Jahrhundert machen sich Horden spanischer Landsknechte ein Vergnügen daraus, ganze Dörfer auszurauben und den Menschen dort übel zuzusetzen. In beiden Fällen muss Naours wie eine Geisterstadt gewirkt haben: keine Menschen, kein Vieh, erstarrte Windmühlenflügel, kalte Asche in den Feuerstellen, doch bestellte Felder und erntereifes Getreide! Ein gut gehütetes Geheimnis macht es möglich: Unter der Erde liegt ein echtes Dorf, mit Straßen, Häusern, Ställen, Kapelle und Kornspeichern, wohin man sich flüchten kann, sobald die Türmer vor herannahenden Soldaten oder Banditen warnen. 30 Straßen, 6 Plätze, 300 Kammern und raffinierte Lüftungsschächte, die aufgrund ihrer Krümmung von außen nicht sichtbar sind, sowie unterirdische Depots gestatten den Dorfbewohnern, hier notfalls für mehrere Wochen ein fast normales Leben zu führen. Nur die lauten Worte müssen dem Flüstern Platz machen.

◀◀
Kappadokien beherbergt gleich mehrere Hundert meisterhafte Kirchen wie die Säulenkirche (oben) aus dem 10. Jahrhundert. Rundbögen, Kuppeln und Säulen wurden vor Ort aus dem Fels gehauen! Eine weitere Felsenkirche ist die mit bemerkenswert gut erhaltenen Szenen aus dem Evangelium verzierte Nikephorus-Phokas-Kirche (964 n. Chr.) in Çavusin.

Doch blenden wir zurück und sprechen über die Kunst. Auch wenn er im Eingangsbereich der Höhlen lebte, sollte der prähistorische Mensch entdecken, dass er in ihren Tiefen einen geheimen, magischen Teil seiner Aktivitäten umsetzen konnte, und sich damit für die Bezeichnung »Höhlenmensch« qualifizieren. Bewohnt wurden die Bilderhöhlen indes nicht. Während unsere Vorfahren im sonnigen Eingangsbereich lebten, stoßen wir doch stets nur in tiefer gelegenen, finsteren und schwer zugänglichen Bereichen auf Wandfresken. Die Entdeckung einer Bilderhöhle hat immer etwas von einem Thriller oder Märchen an sich. Bisweilen wurde der Wert und die Vergänglichkeit des Fundes nicht rasch genug erkannt, und ein Kapitel des menschlichen Erbes war auf immer verloren. Die mit Umsicht behandelten Funde sind zum Glück recht zahlreich, doch sehr oft nicht öffentlich zugänglich – eben aus konservatorischen Gründen. Die berühmte Höhle von Lascaux, die »sixtinische Kapelle der Prähistorie«, wurde nach ihrer Schließung in Teilen nachgebildet. Und die vollständig digitalisierte Grotte Chauvet dürfte bald ihre ersten virtuellen Besucher begrüßen, während Experten ihre minutiösen und umsichtigen Studien am Original fortsetzen.

▶
Die reiche Tierwelt in der Grotte Chauvet (Ardèche, Frankreich) machte die Deutung der Felskunst als bloßem Jagdzauber hinfällig. Hier nämlich sind zahlreiche Tiere vertreten, die damals sicher nicht bejagt wurden.

Eine seit 17 000 Jahren geschlossene Galerie

Seit 20 Jahren machen Éliette Brunel-Deschamps, Jean-Marie Chauvet und Christian Hillaire die Ardèche unsicher – auf der Suche nach dem hinter einem Sadebaum oder Buchsgestrüpp verborgenen Einstieg in die Höhle ihrer Träume: lang, tief, einfach schön. Bald konzentrierten sie sich auf Höhlen, die auch von archäologischem Interesse sind. Und nicht umsonst, denn von den derzeit in den Schluchten der Ardèche bekannten 28 Bilderhöhlen wurden allein 12 von diesem Trio entdeckt. Jeder, der die Ardèche schon einmal befahren hat,

▶
Diese 30 000 Jahre alte Darstellung eines Nashorns (ebenfalls Grotte Chauvet) zeigt, dass die damalige Kunst bereits einen bemerkenswerten Grad der Vollendung erreicht hatte und man sich für die Datierung nicht auf eine Stilanalyse beschränken darf.

▲
Diese anthropomorphen Figuren wurden im Neolithikum auf der Wand eines Felsüberhangs im algerischen Tassili des Ajjers verewigt.

kennt den Pont d'Arc, einen spektakulären natürlichen Felsbogen, den der Fluss schuf, indem er eine seiner Schleifen abkürzte. Dieser Altarm umschließt den Cirque d'Estre, eine sonnige, abgeschiedene Oase, die doch ganz in der Nähe des launischen Sturzbachs liegt.

Am 18. Dezember 1994 fällt den 3 Freunden eine 30 x 80 cm große Öffnung am Fuß der den Talzirkus säumenden Klippe auf. Räuberleiter und hinein! Der schmale, abschüssige Gang ist mit Kieseln verstopft, die es erst zu entfernen gilt. Doch die mehrstündige Plackerei wird sich lohnen: Sie gelangen zu einem 10 m tiefen Hohlraum, der das Echo ihrer Freudenschreie zurückwirft. Per Hängeleiter erreichen sie einen breiten Gang, an dessen Wänden weißer Kalzit schimmert. Die Aufregung steigt, als sie am Boden im Kalzit eingeschlossene Bärenzähne und Knochen entdecken. Nach oben sehend, erblicken sie die ersten Zeichnungen aus rotem Ocker: Bären, Nashörner, Löwen oder Leoparden bilden ein Bestiarium, wie es in der Region noch nie auf Wandmalereien vertreten war.

Da sich diese Entdeckung als ebenso bedeutsam erwies wie die von Lascaux ein halbes Jahrhundert zuvor, ist auch hier extreme Vorsicht geboten, sowohl was den Zugang betrifft als auch den dringenden Schutz vor unbedachten Besuchern. Auch hier schmiegen sich Steinböcke, Pferde, Mammuts oder Rentiere so lebendig an die Vorsprünge und Höhlungen der Wand, dass die Zeichnungen und Gravuren fast wie ein Flachrelief wirken! Und auch hier sind die gut abgesetzten Wände mit prächtigen Fresken übersät: Ganze Herden scheinen durch die Höhle zu galoppieren, und man glaubt fast, das Prasseln ihrer Hufe zu hören und den aufgewirbelten Staub zu schmecken.

Die Künstler, die hier vor 21 000–17 000 Jahren, vielleicht noch früher wirkten, wussten mit Farbe umzugehen, auch mit der für den Hintergrund: roter Ocker auf weißem Kalzit oder Pechschwarz auf rostfarbenem Grund, bisweilen mit gezielter Überlappung zweier Farben. Verantwortlich für die gewaltige Wirkung, die diese Entdeckung verursachte, ist indes die Vielfalt der abgebildeten Tierwelt. Gefährliche, vom altsteinzeitlichen Menschen nicht bejagte Tiere sind deutlich in der Überzahl.

Kurz nach Bekanntwerden der Grotte Cosquer räumt Chauvet mit Vorstellungen auf, die man für wohl fundiert hielt: Bilderhöhlen sind regional weit stärker verbreitet als angenommen, die künstlerischen Zielsetzungen sind vielseitiger, die Vielfalt der abgebildeten Tiere ist größer und das Alter der kunstvollen Darstellungen höher.

So fern und doch so nah

Was ist es, hier oder anderswo, das angesichts dieser Löwen, Pferde, Mammuts oder Auerochsen 10 000 Jahre fast gänzlich unbedeutend erscheinen lässt? Es bedarf wenig, vielleicht nur der Dunkelheit und etwas poetischen Empfindens, damit wir unseren großen Bruder der Frühzeit an unserer Seite spüren, seine Hand fassen und ihm in den Irrgarten seiner Kulthöhle folgen. Für dieses Gemeinschaftsgefühl mag es 2 Gründe geben. Zum einen hat der Mensch – damit meinen wir die Abfolge von Individuen über die Jahrhunderte hinweg –, der dieses lebendige Bestiarium schuf, nicht allein einen kulturellen Fortschritt erzielt, sondern den modernen Menschen erfunden, uns gleichsam erschaffen. Zum anderen scheint die gefühlsmäßige Beziehung dieses Menschen zum abgebildeten Tier unendlich nah an jene Beziehung heranzureichen, die wir ihm gegenüber haben können: Begehren und Faszination, aber auch der Wille, sich zu distanzieren und zu einem vollkommeneren Wesen zu entwickeln.

man glaubt fast zu hören und zu spüren, wie ganze Herden durch die Höhle galoppieren

Wegen seiner Fähigkeit, Werkzeuge anzufertigen und zu gebrauchen, hat man den Neandertaler als *Homo faber* bezeichnet: Da er die Arbeit entdeckte, ist er ein Mensch. Vor 40 000–30 000 Jahren trat nach und nach der *Homo sapiens* an seine Stelle. Von seinem Vorgänger unterscheidet er sich nicht etwa vor allem, weil er keine hervortretenden Brauenbögen mehr besitzt oder aufrechter geht, sondern weil er das Joch der Arbeit abzulegen vermochte und das kreative Spiel entdeckte. Gern greifen wir in diesem Zusammenhang auf die Begrifflichkeit Johan Huizingas zurück, der lieber vom *Homo ludens* sprach als vom *Homo sapiens* (und so dem »weisen« den »spielenden« Menschen vorzog). Genau hierher rührt nämlich die tiefgreifende Verwandtschaft dieses Menschen mit dem des 21. Jahrhunderts.

Über die prähistorische Kunst wurde schon viel diskutiert. War sie zweckgebunden oder zweckfrei? War die Darstellung eines Tiers ein Jagdzauber oder aber ein kreatives Spiel, sei es aus Respekt für eine Tradition oder aber einfach Ausdruck der Fantasie? Dies ist unmöglich zu entscheiden, denn vermutlich ist an beiden Aspekten etwas Wahres. Die Abbildung von Speeren und Pfeilen, die in den Flanken eines Wisents stecken, oder die umgedrehte Darstellung eines Auerochsen, so, als würde er flüchtend von einer Klippe stürzen, legen nahe, dass in den Kulthöhlen Zeremonien abgehalten wurden, um die Versorgung des Klans zu begünstigen. Zugleich zeugt ein Kreidefries mit Pferdeköpfen, deren lebendiger Blick und aufrechte Haltung einen wilden Galopp vortrefflich darstellen, vom Ausdruck eines intensiven künstlerischen Hochgefühls.

▼ *Gua Saleh und andere Höhlen in Borneo beherbergen rund 1500 Handaufstäubungen, die über 10 000 Jahre alt sind. In vollkommen gleichmäßigen Gruppen angeordnet, werden sie oft von symbolischen Motiven überlagert, die wie eine Tätowierung wirken.*

2

HÖHLEN UND KARST

Landschaften aus Kalkstein

Wie Höhlen entstehen

Flüsse der Finsternis

Die Höhlen der Welt

Landschaften aus Kalkstein

Karrenfeld in Maeren (Glattalp, Kanton Schwyz).

Denis Blant & Pierre-Yves Jeannin

Die meisten Höhlen unserer Erde liegen in Karstregionen. Das Wort Karst geht auf das slowenische »kras« (steiniger, nackter Boden) zurück und bezog sich ursprünglich nur auf eine Region in Slowenien, die durch beeindruckende, seit Langem bekannte Formen der Lösung von Kalkstein zu großer Berühmtheit gelangte.

Im weiteren Sinne gilt jede meist aus Kalkstein bestehende Region mit derartigen Lösungserscheinungen als Karst.

Karstlandschaften findet man auf allen 5 Kontinenten, in manchen Ländern mehr, in einigen jedoch gar nicht. Rund 10 Prozent der Kontinentaloberfläche setzen sich aus Karstgesteinen zusammen.

Karst besteht meist aus Kalkstein, der in mit Kohlendioxid angereichertem Regenwasser löslich ist. Doch auch andere Sedimentgesteine wie Dolomit, Gips und manche Sandsteine sind löslich und können Karstlandschaften hervorbringen.

Küstensaum mit Lagune und Korallenriff. Unter Wasser entsteht allmählich ein künftiges Kalksteinmassiv.

Vom Korallenriff zur Kalksteinbank

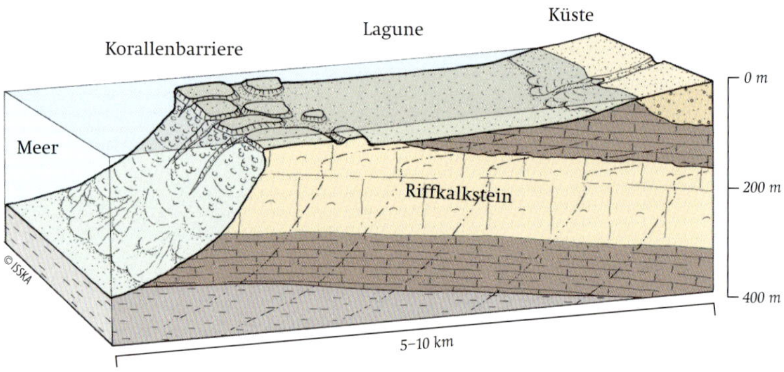

Kalkstein entstand und entsteht fortlaufend am Saum der Meere und Ozeane. Korallen erzeugen ein festes Gebilde, indem sie den im Meerwasser gelösten Kalkstein ausfällen. Dieses Riff bildet eine Barriere zwischen dem offenen Meer und der Lagune. Die mächtigsten Kalksteingebilde entstehen in der Nähe der Korallenbarriere. Im ruhigeren Wasser der Lagune setzt sich feiner Kalkstein ab. Im offenen Meer mit seinem geringeren Gehalt an Muschelkalk entstehen Mergel und Tongesteine.

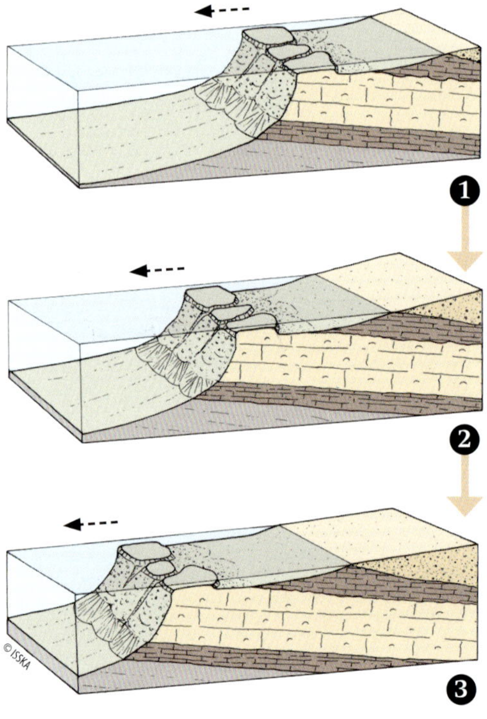

Korallen können nicht über den Meeresspiegel hinauswachsen. Um zu überleben, muss sich die Kolonie daher in Richtung auf das offene Meer ausbreiten. Die Schicht aus Riffkalkstein wächst somit ebenfalls ins Meer hinein. Die Entstehung von mehreren Hundert Metern mächtigen Kalksteinschichten, wie man sie heute oft vorfindet, lässt sich nur durch allmähliche Absenkung des Meeresbodens (oder den Anstieg des Meeresspiegels) erklären.

Emersion, Faltung und Erosion des Kalksteins: Beispiel Jura-Karst

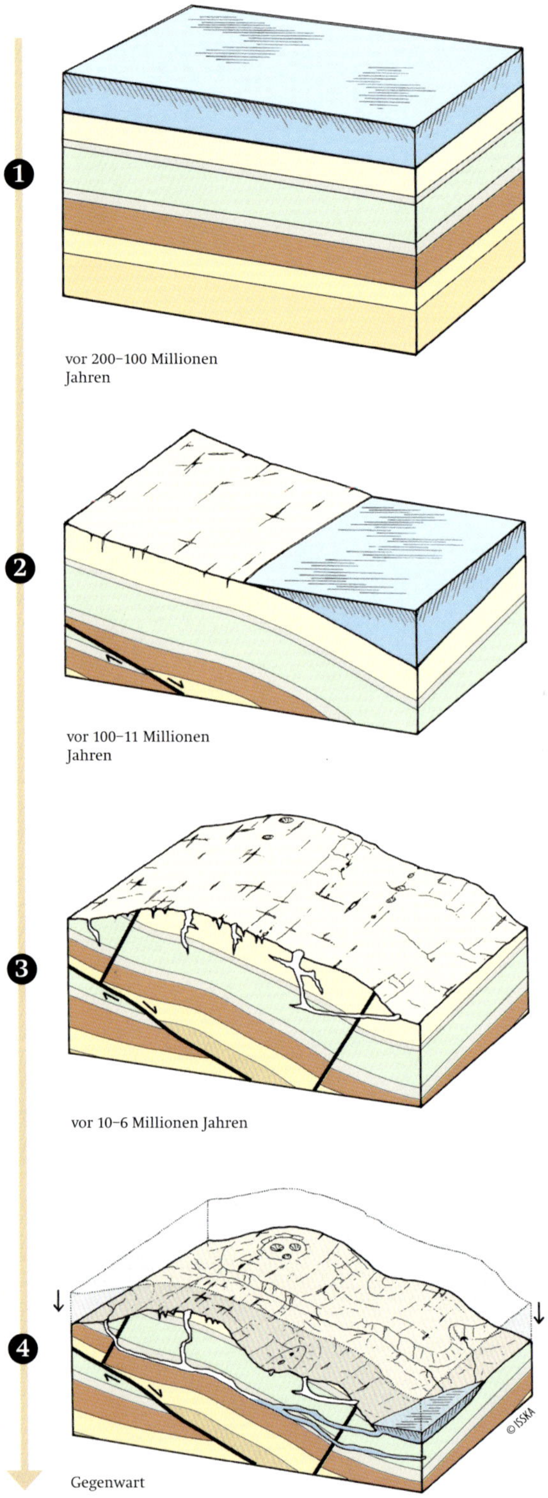

Ablagerung von Kalkstein in einem warmen, relativ seichten Meer. ❶

Küstenseitige Erosion der kaum aufgetauchten Kalksteinplateaus und Bildung der ersten Karstfugen. ❷

Im Jura Faltung und Lösung des Kalksteins. Mit zunehmendem Bodenbewuchs beschleunigte Karstbildung. ❸

Abfolge von Kalt- und Warmzeiten. Erosion und Verschleppung von Bodenmaterial in die Karstrinnen. Fortgesetzte Karstbildung bei kaltem Klima. ❹

Vom Regen angenagt

Der Großteil der inzwischen verkarsteten Gesteine entstand vor mehreren Millionen, ja oft vor einigen 100 Millionen Jahren. In den Untiefen am Saum der Ozeane wurden verschiedene im Wasser befindliche Elemente abgelagert und allmählich angehäuft. Im Fall des Kalksteins handelte es sich weitgehend um Korallen oder die Schalen von Meerestieren, die nach ihrem Tod auf den Meeresgrund sanken.

Im Lauf der Erdzeitalter und unter Einwirkung tektonischer Prozesse oder schließlich auch infolge von Schwankungen des Meeresspiegels tauchten die Felsen aus dem Wasser auf und bildeten gewaltige Kontinentalplateaus und Gebirgszüge.

Nun konnte die Erosion einsetzen. Im Fall der Karstgesteine sollte die auch als Korrosion bezeichnete chemische Erosion das für diese Regionen so charakteristische Landschaftsrelief erschaffen. Auffallend ist das Fehlen oder zumindest die Seltenheit von Oberflächengewässern. In der Tat verschwindet das Wasser rasch im Boden – durch unzählige Spalten, Dolinen, Karren, Ponore oder Schlundlöcher. Die Landschaft ist folglich eher karg, und selbst in Feuchtgebieten können sich nur wenige Bäche an der Oberfläche bilden. Das unterirdisch zirkulierende Wasser lässt aus Spalten allmählich ein Geflecht aus Gängen und Höhlen entstehen, ein Höhlensystem. Schließlich gelangt das Wasser an den Flanken der Haupttäler in Form großer Quellaustritte oder Karstquellen wieder an die Oberfläche.

Schroffe Landschaften

Die so entstandenen Landschaften können überall auf der Welt ganz unterschiedlich aussehen. Karst kann gefaltet sein oder Plateaus bilden, man begegnet ihm in polaren, gemäßigten und tropischen

Typische Karsterscheinungen

Karstlandschaften können je nach Lage, Höhe und Klima ganz unterschiedlich aussehen. Dennoch besitzen sie einige geomorphologische Gemeinsamkeiten.

Polje (1) sind geschlossene, meist große Becken, die bei flachem Boden oft landwirtschaftlich genutzt werden. Dolinen (2) sind kleine, durch Lösung entstandene kreisförmige Vertiefungen. Karren (3) sind Oberflächengebilde mit durch Korrosion entstandenen Rinnen. Der Endokarst ist meist mit zahlreichen fossilen Gängen (4) durchsetzt, in die man durch eine Schachthöhle (5) mit senkrechten Schächten (6) gelangt. Ponore (7) sind jene Stellen, wo ein Bach oder Fluss unter der Erde verschwindet. Am Fuß eines Schachts findet man häufig einen unterirdischen Fluss (8), der als Karstquelle (9) an die Oberfläche tritt. Rückschreitende Erosion und Quellwasser lassen bisweilen ein Karstsacktal (10) entstehen.

1 Polje

3 Karrenfeld

4 Fossiler Gang

2 Dolinen

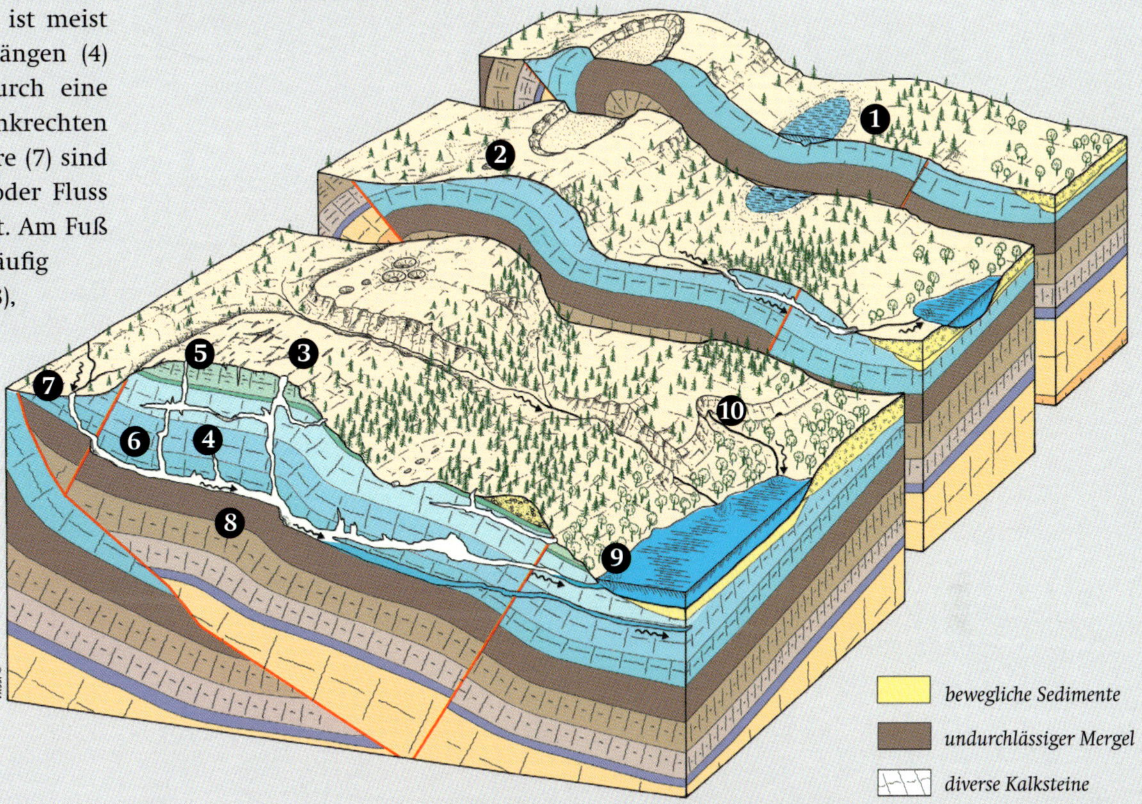

5 Schachthöhle

6 Schacht

7 Ponor (Schluckloch)

8 unterirdischer Fluss

9 Karstquelle (Quellaustritt)

10 Karstsacktal

◄◄ *Karsterscheinungen können je nach Erosionsstadium und geografischer Lage die unterschiedlichsten Formen zeigen. Linke Seite: Tropischer Karst (Yünnan, China) und Karst in aridem Klima (Vereinigte Arabische Emirate). Rechte Seite: Karstplateau in gemäßigt-feuchtem Klima (The Burren, Irland) und tropischer Kegelkarst (Halong-Bucht, Vietnam).*

Regionen, in Höhenlagen und am Meeresrand, in feuchtem und aridem Klima, mit oder ohne Pflanzendecke etc. Auch die Größe der Karstgebiete kann sehr unterschiedlich ausfallen, von wenigen Hektar bis zu einem ganzen Land. Der geologische Kontext und die Zusammensetzung der Karstgesteine haben ebenfalls einen Einfluss auf die Oberflächenmorphologie.

Bestimmte Karsterscheinungen sind weltweit verbreitet. Dies gilt beispielsweise für Dolinen, durch Lösung entstandene, kreisförmige Vertiefungen. Für ihre Trichterform sind 2 Erosionsmechanismen verantwortlich: die chemische Lösung von Kalkstein durch Sickerwasser rund um den Sättigungspunkt und die Seitenerosion durch Versturz, begünstigt durch Frostsprengung. Der Durchmesser der Dolinen schwankt zwischen wenigen Metern in gemäßigtem Klima (Jura, Causses) bis zu einigen Hundert Metern oder gar über 1 km in den Tropen (Megadolinen in Papuasien, Zentralamerika und China).

Eine weitere, allgemein verbreitete Karsterscheinung sind die ebenfalls sehr verschieden dimensionierten geschlossenen Becken. Solche mit flachem Boden werden von den Bauern sehr geschätzt und heißen Polje (serbokroatisch für kultivierte Ebene). Das Wasser fließt aus diesen Becken durch Ponore ab, die je nach Region und Typ etwa als Schlundlöcher, Schlucklöcher, Schwinden oder Schlinger bezeichnet werden.

Auch Karren sind ein häufiger Anblick in Karstregionen. Je nach Höhe und Klima bilden sie die unterschiedlichsten Ansammlungen von Rinnen und ähnlichen Strukturen, die durch Lösungsvorgänge in die Gesteinsoberfläche gegraben wurden. In feucht-warmen Regionen besitzen die Karren eine partielle oder vollständige Pflanzendecke (bedeckter Karst), die zunehmend verschwindet (nackter Karst), wenn die klimatischen Bedingungen für den Pflanzenwuchs ungünstig sind, sei es durch zu große Trockenheit oder Kälte.

▲ *Karstmassive alpinen Typs. Oben: Das Hohgant-Massiv (Schweiz) besitzt ein Höhlensystem von über 150 km Länge. Unten: Das Ortobalagan-Gebirge (Georgien) kann mit der weltweit tiefsten Schachthöhle (2140 m) aufwarten; ihr Eingang liegt am Fuß des Firnhangs rechts im Bild.*

▸▸
Zwei Höhlenforscher auf der Suche nach Hohlräumen in einem stark zerklüfteten Karrenfeld des Levka-Ori-Massivs (Kreta).

Die Entstehung von Dolinen – ein langwieriger Prozess mit spektakulärer Wirkung

Lösungsdoline

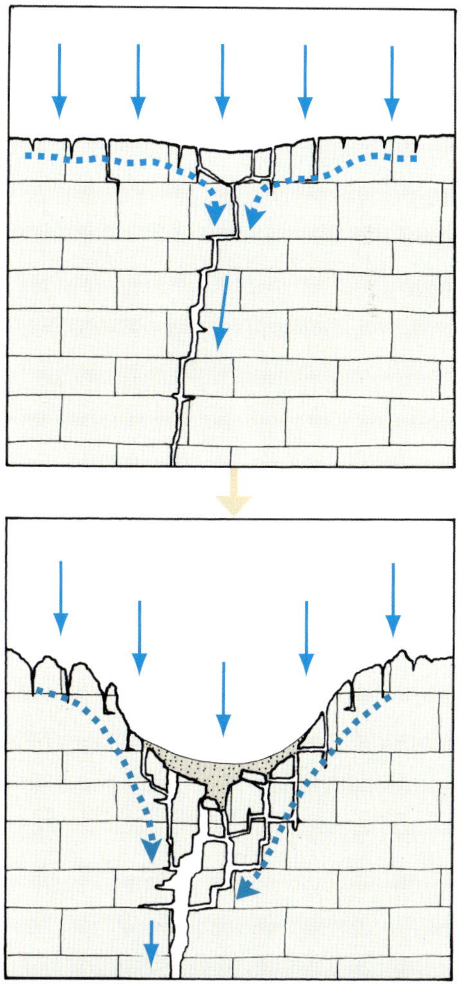

Die rissige Kalksteinoberfläche absorbiert Regenwasser. Radial in senkrechte Spalten gelangend, fließt es von dort aus weiter nach unten. Das radial einsickernde Wasser löst den Kalkstein und lässt eine trichterförmige Vertiefung entstehen.

Suffosionsdoline

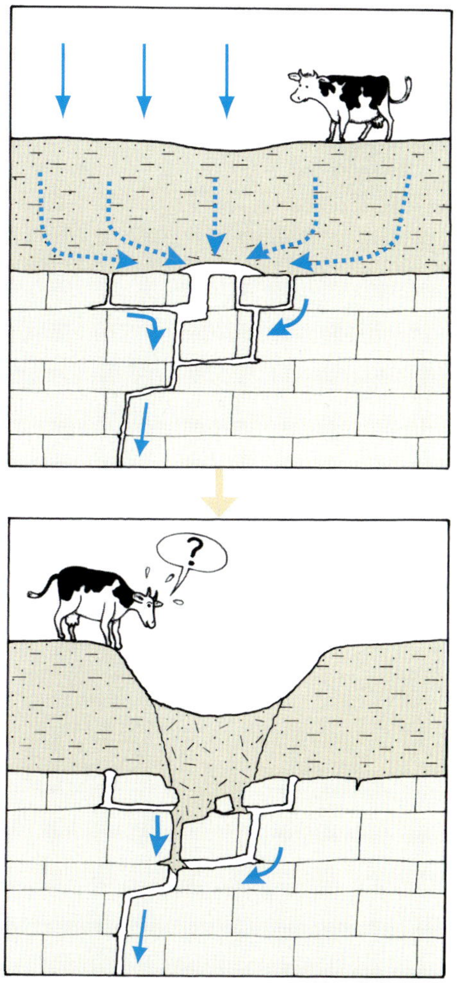

Wenn der Kalkstein mit lockerer Erde bedeckt ist, bilden sich durch Lösungsprozesse Hohlräume über der Gesteinsschicht. Die Bodendecke gibt schließlich nach, und es entsteht eine charakteristische, sich zunehmend vergrößernde Vertiefung.

Einsturzdoline

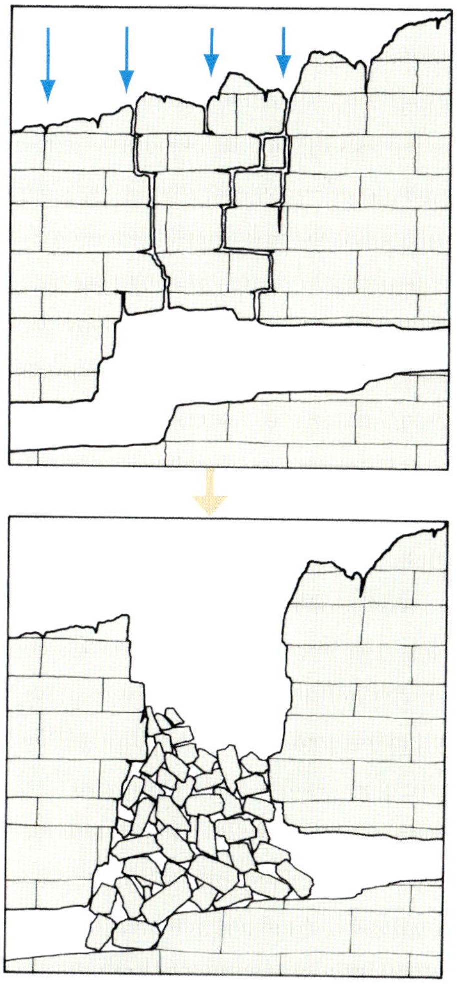

Durch Risse in der Decke eines unterirdischen Gangs wird das Gestein durch Sickerwasser allmählich gelöst. Die Decke bricht schließlich ein, und es entsteht ein senkrechtes Loch, das einen Durchmesser von mehreren Dutzend Metern erreichen kann.

Wie Höhlen entstehen

Denis Blant &
Pierre-Yves Jeannin

Die unterirdische Karstwelt ist das Betätigungsfeld der Speläologen. Ihnen verdanken wir Einblicke in die Vielfalt, Ursprünge und charakteristischen Merkmale dieser oft unvermuteten Sphäre.

Als Rinnen oder Röhren bezeichnen wir lösungsbedingte unterirdische Kanäle von mindestens 1 cm Breite. Der Höhlenforscher kann naturgemäß nur die größten dieser Gebilde befahren, nämlich die Gänge. Die befahrbaren Rinnen, also solche mit einem Durchmesser von mehr als 30–40 cm, verkörpern weniger als die Hälfte der in einem Karstmassiv existierenden Rinnen, wahrscheinlich eher nur rund 10 Prozent. Somit sind auch die größten, Hunderte von Kilometern langen Höhlensysteme nur die Hauptadern eines Netzwerks von mehreren Tausend Kilometern Länge.

Herkömmlicherweise unterscheidet man waagerechte, ohne Seil befahrbare Hohlräume – die Höhlen – von senkrechten Hohlräumen – den Schachthöhlen –, die meist Techniken der Schachtbefahrung voraussetzen. Diese Unterscheidung ist jedoch bisweilen trügerisch, da sie weitgehend auf der Beschaffenheit des Eingangs und der sich anschließenden Gänge beruht. Die Monte-Cucco-Höhle (Umbrien) etwa beherbergt einen der tiefsten senkrechten Schächte Italiens (171 m), der indes erst entdeckt wurde, nachdem die Namensgebung bereits erfolgt war!

Katalog der Hohlräume

In manchen Regionen scheint es nur Höhlen zu geben, in anderen wiederum nur Schachthöhlen. Deren Eingänge liegen meist in den Bergen oder Hochebenen, vor allem in Karrenzonen, wo sie einen Weg darstellen, auf dem das Sickerwasser tief in den Kalkstein hineingelangt. Die Karstgebiete der Alpen (Désert de Platé, Vercors, Chartreuse) und der Pyrenäen (Pierre-Saint-Martin) sind bekannte Beispiele für Regionen mit zahlreichen Schachthöhlen.

Die spektakulärsten Höhlen findet man vorwiegend in Regionen mit Kalksteinplateaus geringer Erhebung; Musterbeispiele sind Kentucky und Tennessee. Große Höhlen gibt es auch in gebirgigen Regionen, dort jedoch eher an den Talflanken und in geringer Höhe. Das Hölloch in der Zentralschweiz ist das bekannteste Beispiel. Auch in Frankreich gibt es zahlreiche Höhlen dieses

▼ *Phreatische, d. h. zum Zeitpunkt ihrer Entstehung vollständig überschwemmte Gänge haben meist ein sehr regelmäßiges Profil, wie hier in der Grotte Favot (Isère, Frankreich)*

Typs, etwa die Grottes de Saint-Marcel (Ardèche, Frankreich).

In manchen Fällen sind Höhlen und Schächte miteinander verbunden, sodass man ein Karstmassiv von oben nach unten befahren kann. Ein berühmtes Beispiel in Frankreich ist die über mehrere Schachthöhlen im Parmelan-Karst oberhalb von Annecy erreichbare Grotte de la Diau (Haute-Savoie). Frankreich besitzt überhaupt besonders viele dieser Höhlensysteme: Pierre-Saint-Martin (Pyrénées-Atlantiques und Navarra), Coumo d'Hyouernedo (Haute-Garonne), Dent de Crolles (Isère) und Verneau (Doubs), um nur einige zu nennen.

Höhlen enthalten meist phreatische (unter Wasser entstandene) Gänge, die nahezu zylindrisch sind. Je nach den vorherrschenden geologischen Bedingungen können jedoch Decken oder Wände im Zuge der Höhlenbildung einstürzen. Der Versturz bildet nun eine sogenannte chaotische Sohle, die die Lösung des Kalksteins im Wasser und so auch die Erweiterung des Gangs beschleunigt. Auf diese Weise können große Gänge entstehen, die weitaus kantiger sind als die phreatischen Gänge.

Wenn ein unterirdischer Wasserlauf frei in einem weitgehend waagerechten Gang fließt, spricht man von einem Höhlenfluss. Seine Schüttung kann zwischen der eines harmlosen Bachs und der eines reißenden Stroms mit Dutzenden, ja Hunderten Kubikmetern pro Sekunde schwanken. Ein solcher Unterschied kann zwischen Niedrig- und Hochwasser sogar in demselben Gang bestehen. Eine Schwankung um den Faktor 100–1000 ist bei unterirdischen Flüssen keine Seltenheit und hat oft die Flutung und dann auch die Wassererfüllung – bisweilen in einer Höhe von mehreren Dutzend Metern – zahlreicher Gänge zur Folge. In dieser Übergangszone spricht man von epiphreatischen Gängen. Diese Gänge sind gefährlich: Bei Niedrigwasser zugänglich, können sie sich nach heftigem Regen innerhalb weniger Stunden füllen.

Eine Sonderstellung genießen die Höhlenseen. Ein See ist für den Speläologen ein wenigstens 1 m tiefes Becken. Unterirdische Seen erreichen selten mehr als 10–20 m Breite und 50–100 m Länge. Der Höhlensee Saint-Léonard in der Gipshöhle Valais (Schweiz) gilt mit 300 m Länge bei nur rund 20 m Breite (0,6 ha) als der größte in Europa. Den weltgrößten unterirdischen See dürfte die Wüste Namib beherbergen: Im Drachenhauchloch findet man einen See, dessen Oberfläche je nach Pegelstand zwischen 1,5 und 2,6 ha schwankt. Diese Definition entfernt sich nicht selten doch sehr vom volkstümlichen Bild eines unterirdischen Sees.

Schachthöhlen enthalten fast immer einzelne senkrechte Schächte, die eine Tiefe von mehreren Hundert Metern erreichen können. Bisweilen aufeinander folgend, sind sie meist durch Mäander miteinander verbunden. Diese hohen, schmalen und gewundenen Gänge sind gefürchtet. In der Tat ist das Befahren eines engen Mäanders eine mühsame Angelegenheit, vor allem wenn es nur auf halber Höhe per Spreiztechnik weitergeht, um nicht im unteren Teil des Gangs eingeklemmt zu werden. Einige Mäander erreichen eine Länge von mehreren Hundert Metern und sind erst nach Stunden bewältigt – eine Übung, die sich mit Gepäck noch anstrengender gestaltet.

Unterirdische Säle und Hallen findet man in beiden Höhlentypen. Wenn ihre Wände nicht sichtbar sind, bieten sie bisweilen einen überwältigenden Eindruck. Die Sohle ist meist ein Gewirr aus riesigen Felsblöcken. Es ist ein wahrhaft beunruhigendes Gefühl, sich ohne jeden Bezugspunkt im Bauch der Erde aufzuhalten, denn man be-

▲ *Eine der mythischen Orte der Speläologie des 20. Jahrhunderts: der Eingang und ein Schacht des Gouffre de la Pierre-Saint-Martin (französisch-spanische Pyrenäen).*

▶▶ *Blick in die Diros-Höhle (Peloponnes, Griechenland) mit ihrem allgegenwärtigen Wasser und überwältigenden Sintergebilden.*

Afrika ist an sich kein höhlenreicher Kontinent, doch einige Bergregionen bilden eine Ausnahme, wie dieser hexagonale Gang im äthiopischen Sof Omar bezeugt.

Karst entsteht aus der Jahrtausende währenden Verdauung des Kalksteins durch Regenwasser

◄ *Links: Mäander mit Fließfacetten (Réseau de Coufin-Chevaline, Isère, Frankreich).*

Dieses aus einer ungewöhnlichen Perspektive aufgenommene Foto gelang in einer südfranzösischen Marmorhöhle.

◄ *Links: Phreatisches Gangprofil mit ausgeprägter Lösung in einer Schichtfuge, Aven de Peyrejal (Ardèche, Frankreich).*

In der Gipshöhle Golubinskaya (Russland).

kommt den Eindruck, dass man den Kontakt zur Welt der Lebenden verloren hat.

Gesteine verdauen

Die Karstgesteine dieser Erde bestehen mehrheitlich aus Kalkstein. Kalkstein – oder genauer die Kalzitkristalle, aus denen er sich zusammensetzt – ist in Regenwasser löslich, ähnlich wie Kochsalz. Im Labor beträgt die Löslichkeit von Kalkstein rund 50 mg/l, das ist 6000-mal weniger als beim Salz. Es ist daher viel Wasser vonnöten, um etwas Kalk zu lösen. Unter der Annahme einer jährlichen Regenmenge von 1000 mm (1000 l/m^2), von der die eine Hälfte versickert und die andere verdunstet, kann jährlich eine Kalkschicht von 0,01 mm gelöst werden. Wenig? Immerhin sind das rund 10 m pro 1 Million Jahre, der gängigen Zeiteinheit des Geologen.

In der Natur gelten indes keine Laborbedingungen. So kann die Bedeckung des Kalksteins mit einer Humusschicht zu einer deutlichen Erhöhung der Löslichkeit führen. Durch die Wurzelatmung der Pflanzen und die Atmung der Mikroorganismen wird der Boden stark mit Kohlendioxid (CO_2) angereichert. Der CO_2-Gehalt ist dort typischerweise 100-mal höher als in der Atmosphäre. Dieses Gas ist jedoch in Wasser löslich und macht es sauer, mithin viel aggressiver gegenüber dem Kalzit. Unter einer Humusschicht erreicht die Löslichkeit von Kalkstein leicht 200, ja 400 mg/l.

Das Wasser ist jedoch rasch mit gelöstem Kalzit gesättigt. Lange hat man sich gefragt, warum Höhlen überhaupt entstehen konnten, wo doch das Wasser anscheinend nach wenigen Metern des Kontakts mit dem Gestein gesättigt war. Erst in den 1980er-Jahren haben eingehende Laborexperimente gezeigt, dass die Lösungsgeschwindigkeit ab einem Sättigungsgrad von rund 90 Prozent stark abnimmt. Somit kann Regenwasser ein gesamtes Kalksteinmassiv durchdringen, ohne den Sättigungspunkt zu erreichen und seine Aggressivität einzubüßen. Der Großteil des vom Wasser gelösten Kalksteins stammt von der Oberfläche und der Sickerzone, dann geht die Menge an gelöstem Kalkstein stark zurück und bleibt auf dem gesamten unterirdischen Weg des Wassers fast konstant.

Dolomit – $CaMg(CO_3)_2$ – ist weniger löslich als Kalkstein. Dennoch verkarstet er häufig und ließ in einigen Regionen größere Höhlen entstehen.

Gips – $CaSO_4 \cdot 2H_2O$ – und Salz – NaCl – sind die beiden übrigen, am häufigsten verkarstenden Gesteinsarten. Da sie weit besser wasserlöslich sind als Kalkstein, haben sie an der Erdoberfläche oft nur eine begrenzte Lebensdauer und bilden Hohlräume, die sich rasch vergrößern. Gips- und Salzkarst sind somit deutlich seltener als Kalkkarst. Im Steinsalz können innerhalb weniger Jahre Höhlen von mehreren Kilometern Länge entstehen. Die Löslichkeit dieser Gesteine ist vom CO_2-Gehalt unabhängig, damit auch von einer Humusschicht.

Im Laufe der Erdgeschichte kann Kalkstein in große Tiefen gelangen, sodass der Kalzit bei hohen Temperaturen und Drücken zu großen Kristallen umkristallisiert. Daraus wiederum entsteht Marmor, der ebenfalls verkarstungsfähig ist.

Entstehung einer Höhle und Klimageschichte im Zeitraffer

Am Anfang seiner Entstehung ist ein Gang stets mit Wasser gefüllt (1). Innerhalb einiger Zehntausend Jahre vergrößert er sich, was den Wasserablauf verlangsamt und zur Ablagerung von Sedimenten führt (2). Die Vertiefung des benachbarten Tals bedingt das Sinken des Karstwasserspiegels und Trockenfallen des Gangs; warmes Klima begünstigt die Sinterbildung (3). Das Klima wird feuchter, und ein Bach schneidet einen Cañon in Sediment und Gestein (4). Ein Gletscher überwuchert das Tal, und der steigende Grundwasserspiegel überschwemmt schließlich den Gang (5). Die Zirkulation verlangsamt sich derart, dass sich feine Sedimente ablagern (6). Der Gletscher ist abgeschmolzen, und der fallende Grundwasserspiegel macht dem Speläologen den Weg frei, um die Sedimente zu untersuchen und die Geschichte des Gangs zu rekonstruieren (7).

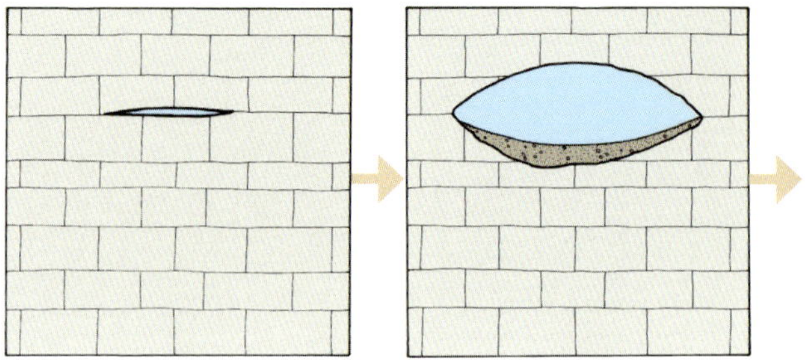

Eine Höhle wird geboren

Sobald Kalkstein – oder andere lösliche Gesteine – aus dem Meer auftaucht, ist er den Unbilden des Wetters ausgesetzt. Anfangs lediglich sehr schwach porös, gestattet er dennoch das Eindringen von Wasser, das zunächst in nur verschwindend geringen Mengen unterirdisch zirkuliert. Auf der Oberfläche des Kalksteins versickert nur ein kleiner Teil des Regenwassers in den wenigen schmalen Spalten. Das meiste Wasser fließt oberflächlich ab und reduziert die Kalksteinschicht pro Jahrtausend um einige Zentimeter.

Nach und nach steigt der Anteil des in den Spalten versickernden Wassers, da das nur schwach mineralhaltige Regenwasser allmählich die Wände der Spalten und Hohlräume löst. Es bedarf Dutzender, ja Hunderter von Jahrtausenden, bis im Gesteinskern auch nur millimetergroße Öffnungen entstehen. Mit zunehmender Vergrößerung der unterirdischen Hohlräume kann das Wasser immer ungehinderter einsickern und rascher zirkulieren, bis es schließlich zur Gänze von der Oberfläche verschwindet.

Die Lösung des Tiefengesteins wird hierdurch erheblich beschleunigt. Die immer schneller wachsenden unterirdischen Hohlräume erhöhen die entsprechende Schüttung, was wiederum die Lösung und Vergrößerung der Öffnungen beschleunigt. Dieser rasante Vorgang folgt einem Kreislauf der positiven Rückkopplung. Computersimulationen zeigen, dass aus nur wenigen Millimeter breiten Spalten in nur ein paar Jahrtausenden Höhlungen mit einem Durchmesser von mehreren Metern entstehen.

Für die Karstbildung ist eine Kombination folgender Faktoren verantwortlich: ursprüngliche Geometrie der Poren, Qualität und Quantität des Sickerwassers, Lage der Sickerzone und der Abflüsse, Beschaffenheit des Gesteins und Diskontinuitäten innerhalb der Kalksteinschichten.

▼ *Gang mit elliptischem Profil in der Höhle Jazbina v Rovnjak (Slowenien).*

Die Höhle wächst und gedeiht

Nach einiger Zeit sind die Gänge ausreichend groß, um alles vorhandene Wasser aufzunehmen, abgesehen von Zeiten starken Hochwassers. Bei Gängen mit großem Durchmesser reduziert sich im Zuge der sinkenden Ablaufgeschwindigkeit auch die Lösung des Kalksteins. Bei Niedrigwasser fließt das Wasser sogar derart langsam, dass sich an den Wänden feine Schwebstoffe (Ton) ablagern und diese so vor Korrosion schützen. Hochwasser kann diese Tonschicht fortschwemmen und etwas Kalkstein lösen. Das Höhlensystem ist nun ausgereift, da zwischen der Auffüllung der Gänge bei Niedrigwasser und ihrer Vergrößerung durch Sedimenterosion und Lösung des Kalksteins bei Hochwasser ein Gleichgewicht besteht.

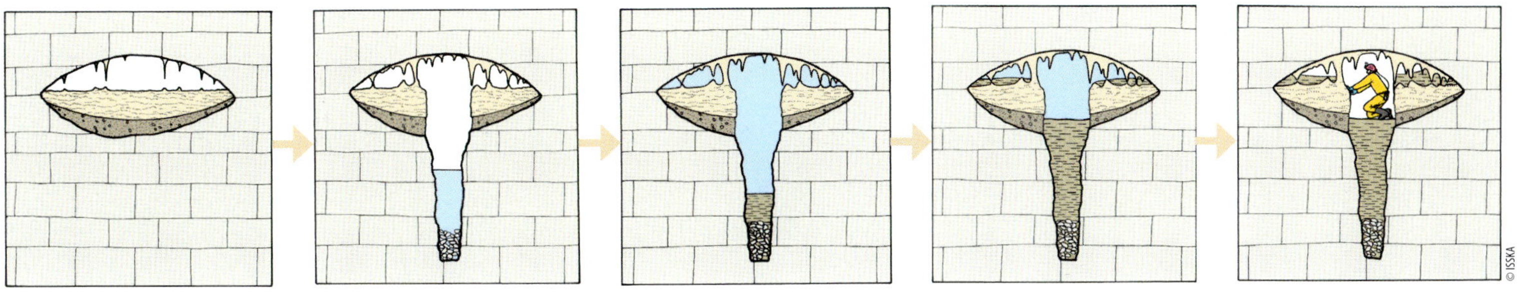

❸ ❹ ❺ ❻ ❼

Die Höhle befindet sich im Gleichgewicht

Das Gleichgewicht eines ausgereiften Systems kann mehrere Zehntausend Jahre und länger andauern. Um es zu beenden, müssen sich die äußeren Bedingungen verändern.

Am häufigsten tritt in Reaktion auf die Vertiefung der umgebenden Täler eine Absenkung des Karstwasserspiegels und mithin des Wasseraustrittsniveaus auf. Ausgehend von den Nebenquellen entsteht ein neues Rinnensystem, und die vorhandenen Gänge fallen immer häufiger trocken, um schließlich zu fossilisieren. Die überwiegende Mehrheit der von Speläologen aufgesuchten Höhlen besitzt fossile Gänge, die das Wasser zugunsten von tiefer im Kalksteinmassiv gelegenen Rinnen verlassen hat.

Die Höhle schläft ein und stirbt

Kennzeichnend für fossile Gänge ist, dass sie sich über Jahrmillionen fast überhaupt nicht verändern. Sintergebilde wie Stalagmiten oder Stalagtiten können hier entstehen und schließlich die Fließrinnen verstopfen. Versturz aus Decken oder Wänden füllt allmählich die Hohlräume. Gleichzeitig greifen draußen Erosion und Lösungsprozesse das Kalksteinmassiv an, das schließlich vollständig abflacht, um seine Höhlen gänzlich verschwinden zu lassen. Dieser Vorgang dauert allerdings in der Regel einige Dutzend Millionen Jahre.

Unter bestimmten Bedingungen steigt der regionale Karstwasserspiegel wieder an, etwa wenn die alpinen Täler während der Eiszeiten mit einem mehrere Hundert Meter mächtigen Gletscher gefüllt sind und das Grundwasser (annähernd) im gleichen Maß ansteigt und mehrere Gangetagen überschwemmt. Aufgrund der vermehrten Partikelzufuhr und relativ geringer Ablaufgeschwindigkeit häuften sich während dieser Perioden große Sedimentmassen in den Gängen an. Viele von diesen wurden vollständig gefüllt und damit unzugänglich. Nur einige Hauptadern blieben aktiv und offen.

Wer heute eine Höhle und ihren Inhalt aufmerksam untersucht, kann die einzelnen Phasen rekonstruieren, die zu ihrem aktuellen Zustand führten. Dies leistet die sogenannte relative Chronologie.

Natürlich ist es interessant, jedem hierbei identifizierten Einzelereignis ein absolutes Alter zuordnen zu können. In der Tat kennt man heute verschiedene Methoden der Datierung des Höhlensediments. Am bekanntesten sind die radiometrischen Verfahren, vor allem die Radiokarbonmethode. Kurz C14 genannt, kann diese Methode zur Datierung von Höhlensinter oder organischem Material (z. B. Knochen) verwendet werden, nicht aber bei Objekten, die älter sind als 40 000–50 000 Jahre – was im Vergleich zum Alter der meisten Höhlen wenig ist.

Ein ähnliches Verfahren nutzt das Ungleichgewicht zwischen den Isotopen von Thorium (^{230}Th) und Uran (^{234}U) und gestattet die Datierung von Höhlensintern, die bis zu 400 000, ja 1 Million Jahre alt sind.

Kürzlich gelang durch Messung der Spuren von Aluminium (^{26}Al)- und Beryllium (^{10}Be)-Isotopen in Quarzpartikeln aus Höhlensediment die Datierung von mehrere Millionen Jahre alten Gängen.

Überdies lässt sich die Ausrichtung kleiner, im Sediment enthaltener magnetischer Minerale messen. Da die Veränderungen des Erdmagnetfelds in ihnen gespeichert sind, ist so ebenfalls eine Datierung der Sedimente möglich.

Flüsse der Finsternis

Denis Blant &
Pierre-Yves Jeannin

Das fast vollständige Fehlen von Oberflächengewässern ist gewiss das auffälligste Merkmal der Karstregionen. Dabei regnet es doch auch hier! Das gesamte Regenwasser versickert jedoch rasch im Boden, um viel weiter unten in Form von Quellen wieder auszutreten. Welchen Weg nimmt es dabei eigentlich?

Im Allgemeinen versickert das Wasser entweder an einzelnen Stellen wie Dolinen, Ponoren und weiten Fugen oder diffus in kleinen Rissen im Gestein unter dem Erdreich. Diese dicht unter der Oberfläche liegenden, durch Lösung mehr oder weniger vergrößerten Fugensysteme bilden den besonders durchlässigen Epikarst, der auch die größten Mengen an Sickerwasser aufzunehmen vermag. Da der Epikarst meist auf kompakterem, also weniger fugenreichem und durchlässigem Gestein ruht, kann der Karstwasserspiegel dort stellenweise erhöht sein.

Wo ein Höhlenbach sich in einen Schacht ergießt, wird das Vorankommen nicht eben leichter (Gouffre du Chevrier, Waadt, Schweiz).

Bedingt durch die Erdanziehung sucht sich das Wasser stets einen Weg nach unten in ein Netzwerk aus weniger dichten, doch zunehmend breiteren Fugen, um schließlich in Hauptkanäle zu münden – richtige unterirdische Gänge, die pro Sekunde mehrere Kubikmeter Wasser ableiten können. Hier, meist an der Kontaktstelle zwischen verkarstungsfähigem und weniger durchlässigem Gestein, begegnen wir den unterirdischen Flüssen. Ab einer bestimmten Tiefe füllt das Wasser sämtliche Poren; dies ist die phreatische Zone (Karstwasserspiegel). Vollständig mit Wasser gefüllte Gänge bezeichnet man als Siphons. Sie verkörpern die ganz eigene Welt der Höhlentaucher. Wenngleich das Wasser hauptsächlich und mit hohem Tempo in großen Fließrinnen zirkuliert, ist eine weit größere Wassermenge in den feinen Kalksteinfugen gespeichert, die die Rinnen umgeben. Man schätzt, dass die Rinnen nur rund 10 Prozent des Karstwassers beherbergen, der Rest verteilt sich auf die angrenzenden Hohlräume, die jedoch über die Fließrinnen in den Auslass entwässert werden, wo dieses Wasser in Form von Karstquellen wieder ans Tageslicht tritt.

Höhen und Tiefen

Wie vielleicht bekannt ist, setzt das Hochwasser im Karst mit unvermittelter Heftigkeit ein. Der Epikarst nimmt nämlich sehr schnell einen Großteil des Oberflächenwassers auf und führt es dem unterirdischen Rinnensystem zu, das wiederum – einem Flusssystem ähnlich – das Wasser zur Karstquelle ableitet. Dieses System ist in den meisten Fällen sehr effizient.

Das bei Unwetter besonders rasch eintretende Hochwasser gilt als eine der Hauptgefahren für den Höhlenforscher. In vielen Fällen ist es ratsam, die Wettervorhersage zu beachten und im Zweifel lieber auf eine Befahrung zu verzichten. Unter der Erde kann die optische und akustische Wahrnehmung des Wasserablaufs rechtzeitig auf drohende Gefahren hinweisen, sodass man umkehren oder – eher noch – Schutz suchen und abwarten kann.

Manche Karstsysteme sind für das Ausmaß und die Rasanz ihrer Wassererfüllung berüchtigt. So kann der Wasserspiegel etwa in der Grotte de la Luire (Vercors) binnen weniger Stunden um fast 500 m ansteigen (gemessen wurden bis 30 m/h).

Planinska Jama (Slowenien) wartet mit einem beispielhaften Höhlenfluss auf.

Hochwasser kann die unterirdische Landschaft nachhaltig verändern, indem es in nur wenigen Stunden eine Passage öffnet, die bisher mit Sand und Lehm verstopft war, oder aber einen vorhandenen Gang zuschüttet und unpassierbar macht.

Im französischen Département Pyrénées-Atlantiques ereignete sich 1988 eine unvermittelte massive Sedimenterfüllung, die in der angrenzenden Schachthöhle zum Einsturz der Gesteinsdecke führte. Die massive Sedimentfracht füllte

den Gouffre Achama Lecia im Handumdrehen. Im Zuge dieses außergewöhnlichen Ereignisses kam leider ein Höhlenforscher zu Tode, der von den Sedimentmassen mitgerissen wurde. Die Folgen von Hochwasser konnte man in den Schweizer Alpen im Juli 1987 in dem großen Karstsystem Sieben Hengste beobachten, wo das Verschwinden eines Sedimentpfropfs zur Verbindung zweier Höhlensysteme führte.

Das Hochwasser geht zunächst relativ schnell zurück. Wie man indes seit jeher beobachten kann, dauert es sehr lange, bis die Karstquellen versiegen. Daher muss sich in den Fugen, die die Hauptrinnen umgeben, ein bedeutendes Wasserreservoir befinden.

▲ *Hochwasser ist unter der Erde oft eine buchstäblich rasante Angelegenheit. Beide Aufnahmen liegen nicht einmal 2 Stunden auseinander. Einen solchen Tag verbringt man besser woanders (Baume de Longeaigue, Neuchâtel, Schweiz).*

Kreuz und quer

Bedingt durch die geologische Komplexität mancher Karstzonen und die Abfolge von durchlässigen und weniger durchlässigen Schichten entspricht das tatsächliche Einzugsgebiet einer Quelle nicht unbedingt dem durch die Wasserscheide definierten geografischen Entwässerungsgebiet. Je nach Lage der geologischen Schichten kann das an einem bestimmten Berghang versickernde Wasser unter der Erde durchaus einen Weg nehmen, der dem von der Oberflächentopografie diktierten Verlauf entgegengesetzt ist.

Um die unterirdischen Fließbewegungen und die Einzugsgebiete genauer zu erforschen (und damit auch den Trinkwasserschutz zu verbessern), unternimmt man Färbeversuche, auch Tracer-Markierungen genannt. Hierzu gibt man unschädliche Farbstoffe entweder in das noch nicht versickerte Wasser oder direkt in den Höhlenfluss. Nun wird das Wasser der einzelnen bekannten Auslässe beprobt und analysiert, um zu ermitteln, welche Quellen durch das Höhlensystem gespeist werden.

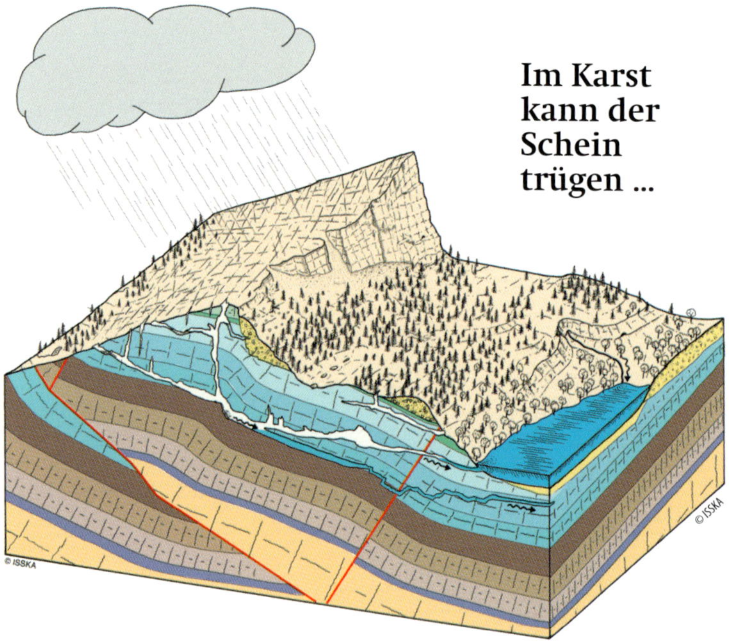

Im Karst kann der Schein trügen ...

Das faktische Einzugsgebiet einer Karstquelle ist von der Anordnung der geologischen Schichten abhängig, nicht von den topografischen Grenzen des Entwässerungsgebiets. In Karstregionen kommt es daher nicht selten vor, dass das auf einen Berghang herabregnende Wasser am Fuß des Gegenhangs wieder austritt, gelegentlich in einigen Kilometern Entfernung!

Manche fluoreszierenden Markierungsstoffe besitzen eine solche Färbekraft, dass sie selbst in sehr geringer Konzentration noch mit bloßem Auge sichtbar sind: 2 g Fluorescein etwa färben ein Becken mit 2000 m^3!

Der wohl berühmteste Färbeversuch bezog sich auf die Quelle der Garonne. Wider jede Erwartung konnte Norbert Casteret 1931 nachweisen, dass das Wasser eines für die Stromerzeugung anvisierten Sturzbachs in den spanischen Pyrenäen an den Quellen der Garonne auf französischer Seite wieder austrat. Ein weiterer berühmter Fall war die unbeabsichtigte Färbung des Doubs mit Absinth im Zuge eines Brandes bei der Firma Pernod 1901 in Pontarlier. Einige Stunden später schmeckte das Quellwasser der Loue deutlich nach Anis – ein Nachweis dafür, dass die Schwinden im Flussbett des Doubs unterirdisch mit dieser Quelle verbunden waren.

Ein in der Türkei durchgeführter Färbeversuch ergab eine zurückgelegte Distanz von 75 km Luftlinie; dies dürfte der bisherige Rekord sein. In Frankreich liegt die größte bekannte Entfernung bei 46 km.

Eine der höchsten Geschwindigkeiten stellte man 1970 im schweizerischen Schrattenfluh-Massiv fest: Der Farbstoff erschien 20 km entfernt nach 38 Stunden im Thuner See, eine Durchschnittsgeschwindigkeit von mehr als 500 m/h! Auch 1000 m/h wurden bereits überschritten (Small River, British Columbia, Kanada).

Empfindliche Karstgewässer

Häufig begegnet man der Annahme, das Wasser der Karstregionen würde so schnell im Untergrund versickern, dass es auf seinem unterirdischen Weg nicht viel Zeit habe, um sauber zu werden, und daher in nahezu unveränderter Qualität wieder als Quelle austrete. Diese grobe Vorstellung trifft manchmal tatsächlich zu: Das Ausbringen von Gülle im Frühling kann dem Wasser mancher Karstquellen in der Tat nach wenigen Tagen einen strengen Geruch verleihen. Untermauert wurde diese Vorstellung durch Färbeversuche, die meist bei Hochwasser und an Stellen durchgeführt wurden, die ein rasches Versickern besonders begünstigten.

Dennoch ist diese Sichtweise zu einfach, da Karstwasser in der Regel von deutlich besserer Qualität ist, als man dies angesichts der Schadstoffbelastung des Einzugsgebiets erwarten würde. Karstquellen mit einem stark agrarisch geprägten Einzugsgebiet weisen einen eher niedrigen Gehalt an Nitraten und Pestiziden auf.

Die beobachtete Schadstoffbelastung der Karstquellen tritt oft bei Hochwasser nach Starkregen auf und hält meist nur wenige Tage an. Außerhalb dieser relativ kurzen Perioden besitzt das Wasser eine deutlich bessere Qualität.

Der Grund hierfür ist in den hydrogeologischen Mechanismen der Karstsysteme zu suchen. Bei Niedrigwasser werden die Quellen hauptsächlich mit Wasser aus den unterirdischen Reservoirs, dem Epikarst und den fugenreichen Teilen der Überschwemmungszone gespeist. In den eigentlichen Fließrinnen zirkuliert das Wasser dann jedoch recht langsam. In diesem Fall benötigt das Sickerwasser einige Wochen bis Monate, um ausreichend geklärt wieder ans Tageslicht zu gelangen.

Bei mittlerem Pegel werden in ein Schluckloch injizierte Schadstoffe (konzentrierte Infiltration) das System rasch bis zur Quelle durchlaufen. Die oft deutlich mehr als 10-fache Verdünnung bietet einen gewissen Schutz. Im Fall diffuser Infiltrationen speziell durch eine Bodendecke hindurch wird der Regen das gespeicherte Wasser einfach nach unten drücken und sich die Qualität des Quellwassers nicht merklich verändern.

Im Karst versickert das Wasser meist in einer Vielzahl winziger Spalten. Manchmal können aber auch ganze Flüsse unvermittelt verschwinden (Huston River, Vancouver Island, Kanada).

Karstquelle bei Hochwasser. Das Wasser ist mit Sedimenten befrachtet, die sich von den Wänden der Höhlengänge gelöst haben (Quelle der Noiraigue, Schweiz).

Vor allem bei sehr starkem Hochwasser sind jedoch alle Voraussetzungen für verunreinigtes Quellwasser erfüllt. Erstens tritt an der Oberfläche eine maximale Auswaschung vor allem jener Schadstoffe ein, die der im Wasser aufgeschlämmten Erdkrume anhaften. Zweitens werden die im Erdreich, Epikarst und in der Überschwemmungszone befindlichen Wasservorräte meist zugunsten direkterer Wege umgangen. Und drittens reißt die Strömung jene Partikel und feinen Bakterienschichten mit, die sich in ruhigeren Zeiten an den Wandungen der Fließrinnen abgelagert haben.

Wie man sieht, ist die Qualität des Karstwassers sehr variabel. Sorgfältige Untersuchungen und Modellstudien bieten die Möglichkeit, diese Problemzeiten zu bewältigen und während der wenigen schlechten Tage in jedem Jahr nicht auf eine wichtige Trinkwasserquelle verzichten zu müssen.

Wenn die im Einzugsgebiet herrschenden Bedingungen genau bekannt sind, können an den empfindlichsten Stellen bestimmte potenziell umweltgefährdende Praktiken eingeschränkt werden. Schutz verdienen vor allem die Randbereiche der Schlucklöcher und Zonen mit besonders dünner Humusschicht.

Eine weitere Strategie besteht in der Nutzung des Wassers am Rand der großen Rinnensysteme und Quellen. Beispielsweise werden im Karst manche recht tiefen Aquifere nicht direkt von der Oberfläche aus gespeist. Ihr Wasser ist meist von ausgezeichneter Qualität, da es auf seiner mehrjährigen Reise genug Zeit zur Klärung hatte.

◀ *Befahrung eines Hauptkanals (Verneau, Département Doubs, Frankreich).*

Lebensquell

Grundwasser macht den größten Teil der globalen Süßwasservorräte aus, sieht man einmal von dem besonders schwer nutzbaren, in der Antarktis und Grönland in Form von Eis gespeicherten Wasser ab. Das Karstwasser hat daran oft einen bedeutenden Anteil, in manchen Ländern sogar fast 100 Prozent.

Karstwasser wird auch zur Versorgung größerer Siedlungsbereiche genutzt. Städte wie Besançon, Montpellier und Wien etwa beziehen ihr Trinkwasser aus großen Karstquellen.

Wenn es darum geht, dieses unter unseren Füßen verborgene Wasser zu finden, werden herkömmliche Probebohrungen zum Glücksspiel mit einer Versagerquote von 90 Prozent, da sich das Fließwasser auf einige Hauptrinnen konzentriert. Im Karst sind neuartige Techniken der Wassergewinnung gefragt, wie sie auch in Trockengebieten von großem Nutzen sein können. Wenn man bei der Erkundung eines Höhlensystems Anhaltspunkte für überschwemmte Gänge oder größere Gerinne findet, genügt es, mithilfe der inzwischen sehr präzisen GPS-Geräte die eigene Position zu bestimmen und von oben an der richtigen Stelle einen Brunnen zu bohren. Bisweilen lassen sich sogar die natürlichen Fließrinnen nutzen, um das Wasser nach außen zu leiten.

Ein bekanntes Beispiel hierfür ist die Montpellier versorgende Quelle der Lez. Eine ähnliche Bohrung bis zum aktiven Niveau des erkundeten Höhlensystems gelang kürzlich im Libanon. Angesichts der stellenweise bedrohlichen Wasserknappheit – vor allem in den weitgehend durch Karst geprägten Randzonen des Mittelmeers – ist diese Methode der Trinkwassergewinnung sicher zukunftsträchtig.

▲ *Der größte Teil des unterirdischen Wassers ist in den Gesteinsfugen und überschwemmten Gängen gespeichert. Nicht selten trifft man aber auch auf einen Höhlensee, den es zu durchwaten, zu durchschwimmen oder per Schlauchboot zu passieren gilt.*

Karst und Höhlen als Opfer der Umweltverschmutzung

Umweltgefahren machen leider auch nicht vor den Höhlen halt. Die Zukunft der oberirdischen Karstlandschaften (Exokarst) und ihrer unterirdischen Fortsetzung (Endokarst) ist ernsthaft gefährdet. Dies gilt besonders für diejenigen Höhlen, die bemerkenswert gut erhaltene Zeugnisse vergangener Zeiten bergen.

Tod eines Karrenfeldes

Bedeutung und Besonderheiten der oberflächlichen Karsterscheinungen werden nicht immer anerkannt oder auch nur erkannt. In einigen Ländern sind Karstzonen als Truppenübungsgelände ausgewiesen. So kommt es, dass die feinen, schönen Kalksteingrate, die vom Wasser in Jahrhunderten herausziseliert wurden, bisweilen sichtbare Einschlaglöcher von Geschossen zeigen. Und in manchen hoch gelegenen Skigebieten schreckt man nicht davor zurück, größeren Karrenfeldern ebenso rücksichts- wie gedankenlos mit Dynamit und Planierraupe zu Leibe zu rücken, um den Skitouristen die Abfahrt zu erleichtern.

Höhlen als Mülldeponie

Manche Menschen, die für Umweltschutz wenig empfänglich oder einfach nur schlecht informiert sind, denken: Jedes Loch will gefüllt werden!

In Karstregionen findet man Hunderte von Vertiefungen, die teils zu wilden Deponien verkommen sind. Zum Glück scheint diese Unsitte abzuklingen (zumindest in Ländern mit gestiegenem Umweltbewusstsein), doch wachsame Höhlenforscher bringen jeden entdeckten Verstoß bei den zuständigen Behörden weiterhin zur Anzeige. Und oft sind sie es auch, die sich die Ärmel hochkrempeln, um den zugemüllten Senken ihr natürliches Aussehen zurückgeben.

Solche Müllkippen verschandeln nicht nur die Landschaft, sondern stellen auch eine Gefahr für das Trinkwasser dar, denn das über Schächte und Dolinen einsickernde Karstwasser wird auf seinem unterirdischen Weg dann oft nicht ausreichend geklärt, bevor man es weiter unten anzapft.

Durch bei ungünstiger Witterung erfolgte Gülledüngung verseuchter Höhlenfluss (Franche-Comté).

Im Gouffre de Jardel (Doubs, Frankreich) wurde tonnenweise Munition entsorgt. Höhlenforscher warnen vor einer ökologischen Katastrophe, die eintreten wird, wenn sich der Rost durch die Hülsen der von der unterirdisch fließenden Loue umspülten Granaten gefressen hat.

Die Karrenfelder des Massif du Margériaz (Savoyen) haben die Anlage von Skipisten teuer bezahlt. Die gewaltigen Schäden sind irreversibel.

Einflussreiche Besucher

Die speläologischen Vereinigungen tun alles, damit ihre Mitglieder der unterirdischen Welt mit gebührendem Respekt begegnen. Anderenfalls würden die Gänge einer neu entdeckten Höhle schon nach wenigen Jahren verbraucht aussehen: an Boden und Wänden verschmierter Lehm, mit Trittspuren (wenn nicht Abfällen) verunstaltete Passagen und nur allzu leicht beschädigte Sintergebilde.

Die Anwesenheit des Menschen hat zahlreiche, zunächst kaum sichtbare Folgen, die indes nicht selten für Jahrtausende fortbestehen. Hier ein ganz einfaches Beispiel: Die beim Gehen oder Kriechen ausgeübte Druckbelastung kann die Bodensedimente einer Höhle erheblich verändern. Diese nämlich bergen eine Fülle von Informationen über die Geschichte und Umgebung einer Höhle (Hinweise auf Fauna, Klima, Fließbewegungen, die Landschaft und bisweilen auch die einstige Anwesenheit des Menschen), die bereits durch einen einzigen Besuch verfälscht werden können. Eine ungeschickte Bewegung reicht aus, um einen in Jahrtausenden zu seiner heutigen Größe herangewachsenen Tropfstein zu zertrümmern.

Hinzu kommt unsere Atmung und Wärmeabgabe. Die meisten Höhlen sind zwar ausreichend bewettert, weshalb man die Konsequenzen vernachlässigen kann; anders verhält es sich aber bei häufigerer Befahrung oder großen Besucherzahlen. Bilderhöhlen wie Lascaux wurden aus diesem Grund geschlossen. Doch nicht nur die Wandbilder sind durch hohe Besucherzahlen gefährdet, das von den Touristenmassen freigesetzte CO_2 kann auch den Höhlensinter angreifen.

Die vom menschlichen Körper und den installierten Lampen abgegebene Wärme kann außerdem zur Folge haben, dass die umgebenden Bereiche austrocknen und staubig und matt werden. Und die von den in Schauhöhlen ständig brennenden Lampen abgegebene UV-Strahlung führt zur Entwicklung einer »Lampenflora«, die hier eigentlich nichts zu suchen hat!

Diese Schachthöhle im Schweizer Jura ist von Hunderten Müllsäcken verunstaltet. Höhlenforscher haben die politisch Verantwortlichen alarmiert und die Sanierung anschließend selbst übernommen.

Unsinnige Hinterlassenschaft eines Tagesbesuchers.

Selbst der Besuch durch größere Gruppen von Speläologen bleibt in manchen Höhlen nicht ohne Folgen.

Die Höhlen der Welt

Denis Blant

Karstlandschaften und ihren Höhlen kann man fast überall auf der Welt begegnen. Bestimmte Hohlräume entstehen aber auch in ganz andersartigem Material, man denke nur an Lavaröhren und Gletscherhöhlen. Diese Vielfalt hat zur Folge, dass es quasi kein Land ganz ohne Höhlen gibt.

Die höhlenreichen Länder besitzen meist auch größere Karstgebiete. Die Zahl der bisher entdeckten Höhlen hängt jedoch weniger vom vorhandenen Potenzial ab als vielmehr davon, wie lange in einem Land bereits aktiv Höhlenforschung betrieben wird.

Hier eine kurze, nach Kontinenten geordnete Aufzählung all jener Länder, die für ihre Höhlen bekannt sind, sei es für die schiere Anzahl, ihre historische Bedeutung oder die Größe der Karstflächen. Europa: Frankreich, Georgien, Großbritannien, Italien, Kroatien, Österreich, Rumänien, Schweiz, Slowenien, Spanien, Ukraine. Afrika: Algerien, Madagaskar, Marokko, Südafrika. Amerika: Brasilien, Kuba, Mexiko, Venezuela, Vereinigte Staaten. Asien: Borneo, China, Thailand, Türkei, Vietnam. Ozeanien: Australien, Papuasien/Neuguinea, Neuseeland.

Entdeckung eines perfekt geformten Schachteinstiegs im Levka-Ori-Massiv (Kreta). Der Beginn eines neuen Abenteuers?

Überall auf der Welt werden alljährlich mehrere Hundert Kilometer Höhlengänge entdeckt. Oft hört man in diesem Zusammenhang die Frage nach den Chancen für die Entdeckung neuer Höhlen. Betrachten wir hierzu eine Karstfläche von 1 km² und versuchen wir, eine Vorstellung von den entsprechenden Höhlengängen zu gewinnen. Bei einer Karstregion mit bekanntem Untergrund geht man meist von mindestens 3–5 km Ganglänge pro Quadratkilometer aus. Es gibt indes Belege dafür, dass dieser Wert zu niedrig ist: Für das Karstsystem Sieben Hengste (Schweiz) etwa wurde eine Gangstrecke von mehr als 20 km pro Quadratkilometer ermittelt. Einen Extremfall verkörpern die ukrainischen Gipshöhlen mit Ganglängen von über 100 km pro Quadratkilometer. Weltweit beträgt die Durchschnittsdichte der bekannten Gänge jedoch kaum einmal 0,1 km/km²!

Diese wenigen Zahlen belegen – zu unserem Glück –, dass es mit Sicherheit noch einige schöne Entdeckungen zu machen gibt. Übrigens ist es gerade dieses Entdeckungspotenzial, das den Reiz der Höhlenforschung ausmacht und die interessierte Jugend begeistert.

Veröffentlichte Zahlen, vor allem die Längenangaben, sind bisweilen mit Vorsicht zu genießen, da sie von der Genauigkeit der Messungen, der Kartierungsmethode, praktischen Problemstellungen und eventuellen Messfehlern abhängen. Zudem sind sie im Zuge der laufenden Erkundung ständigen Veränderungen unterworfen.

Im Reich der großen schwarzen Stille

Die Höhlen dieser Welt bieten eine unglaubliche Vielfalt, die sie dem jeweiligen Klima, dem Gesteinstyp und/oder der Art ihrer Entstehung verdanken. Ihre einzige Gemeinsamkeit dürfte darin bestehen, dass es in ihnen stockfinster ist.

◄ *Üppige Kristallbildungen in der Lechuguilla Cave (New Mexico, Vereinigte Staaten), die vielfach als schönste Höhle der Welt bezeichnet wird.*

In manchen Höhlen herrscht drückende Hitze, andere sind mit Eis gefüllt. Einige sind derart mit Sintergebilden überladen, dass ein Besuch unmöglich ist, manche wiederum sind völlig nackt. Und es gibt Höhlen, die vollständig unter Wasser stehen, während andere seit Jahrmillionen keinen Tropfen Wasser gesehen haben.

Für ihre großen Systeme bekannt, liegen die alpinen Höhlen im Höhenkarst unter beeindruckenden Karrenfeldern mit unzähligen Schachteingängen, denen man bisweilen auf Schritt und Tritt begegnet. Eishöhlen wie die Eisriesenwelt (Österreich) sind eine weitere typische Spielart der alpinen Höhlen. In tropischen Regionen begünstigt der intensive Niederschlag die Entstehung sehr geräumiger Höhlen, in denen man auf tosende Flüsse stoßen kann.

Manche Höhlen liegen ganz unter dem Meeresspiegel, so etwa das über 100 km lange System, das kürzlich von Tauchern in Yucatán (Mexiko) erkundet wurde. Und in Frankreich war es eine Meeresgrotte, die den Weg zu einer der bedeutendsten Stätten der Höhlenmalerei eröffnete (Grotte Cosquer bei Marseille).

Gipshöhlen wie Optimistitcheskaya (Ukraine) mit über 200 km zählen zu den längsten Höhlen überhaupt.

Viele Höhlen sind gar nicht im Kalkgestein entstanden. Man denke nur an die teilweise über eine Länge von Dutzenden Kilometern befahrbaren Lavaröhren oder an Gletscherhöhlen. Bestimmte Höhlen entstanden sogar unter Einwirkung von Gasen. Ein prächtiges Beispiel hierfür ist Lechuguilla (USA), die durch aufsteigende schwefelige und kohlensäurehaltige Gase, die aus benachbarten Erdöl-Lagerstätten entwichen waren, geschaffen wurde.

Und immer weiter ...

Anhand der 2006 verfügbaren Daten ergeben sich folgende Rekorde (wenngleich diese Sichtweise in Fachkreisen umstritten ist): Die – bisher – tiefste bekannte Schachthöhle liegt in Georgien und erreicht 2140 m. Der tiefste durchgehend senkrechte Schacht ist mit 643 m Vrtiglavica in den Julischen Alpen (Slowenien). In Brasilien wurde erst kürzlich der weltweit längste Siphon entdeckt; sein Entdecker hat bereits mehr als 6 km durchtaucht, und es geht noch weiter ...

Bezüglich der unterirdischen Volumina gilt es zwischen dem größten gänzlich unterirdischen Raum und dem größten direkt mit der Oberfläche verbundenen Raum (Schacht oder Megadoline) zu unterscheiden. Der größte vollkommen unterirdische Saal ist der Sarawak-Saal in den Mulu Caves (Borneo) mit 600 x 415 m, 162700 m^2 Fläche und einem Volumen von 12 Millionen m^3. Der Schacht mit dem größten Volumen ist die Megadoline Xiaozhai im Großraum Chongquing (China) mit 119 Millionen m^3 (mithin das 10-Fache von Sarawak) und einer Tiefe von 660 m!

Die Karstregionen und die größten Höhlen der Welt

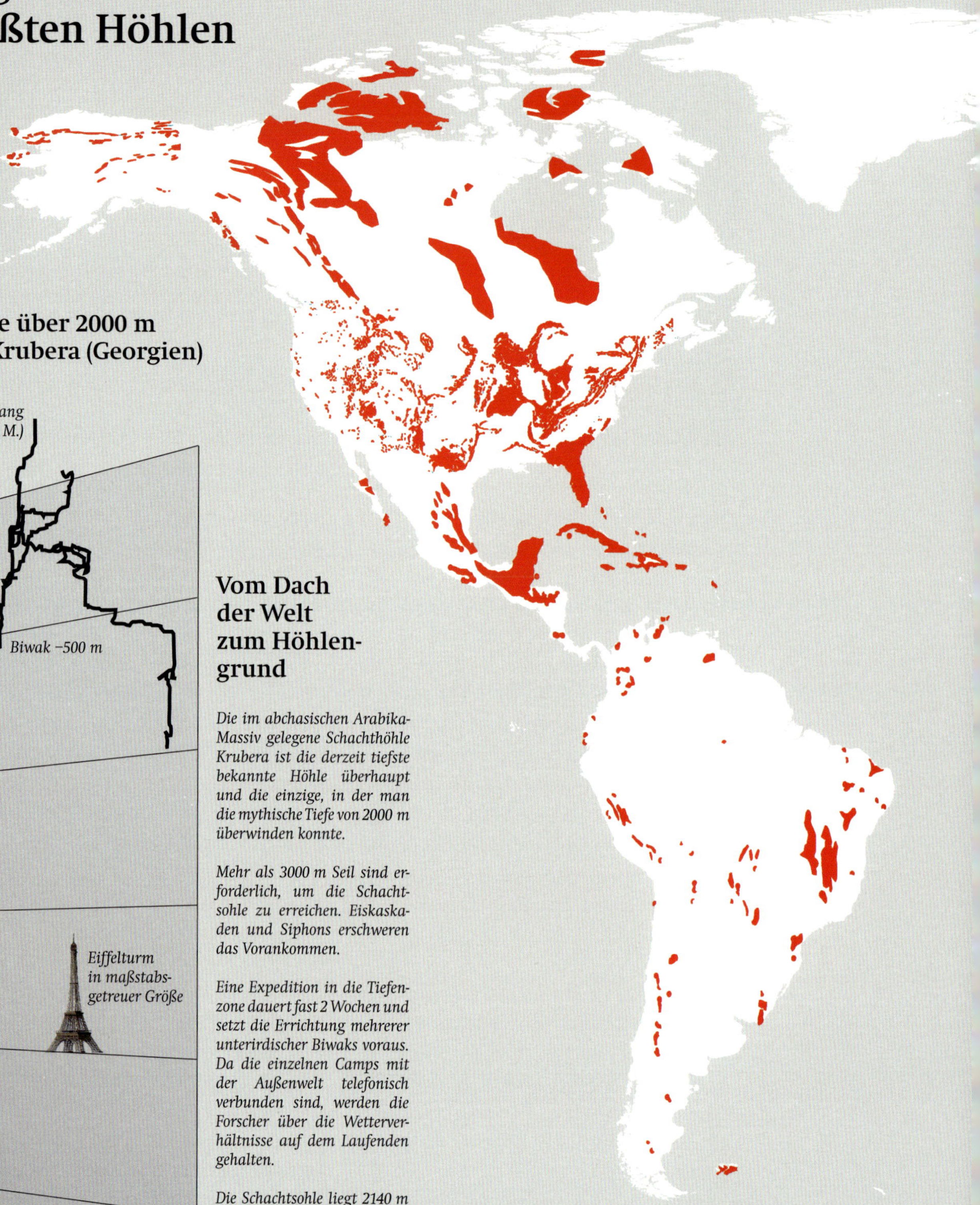

Der Weg hinab in die über 2000 m tiefe Schachthöhle Krubera (Georgien)

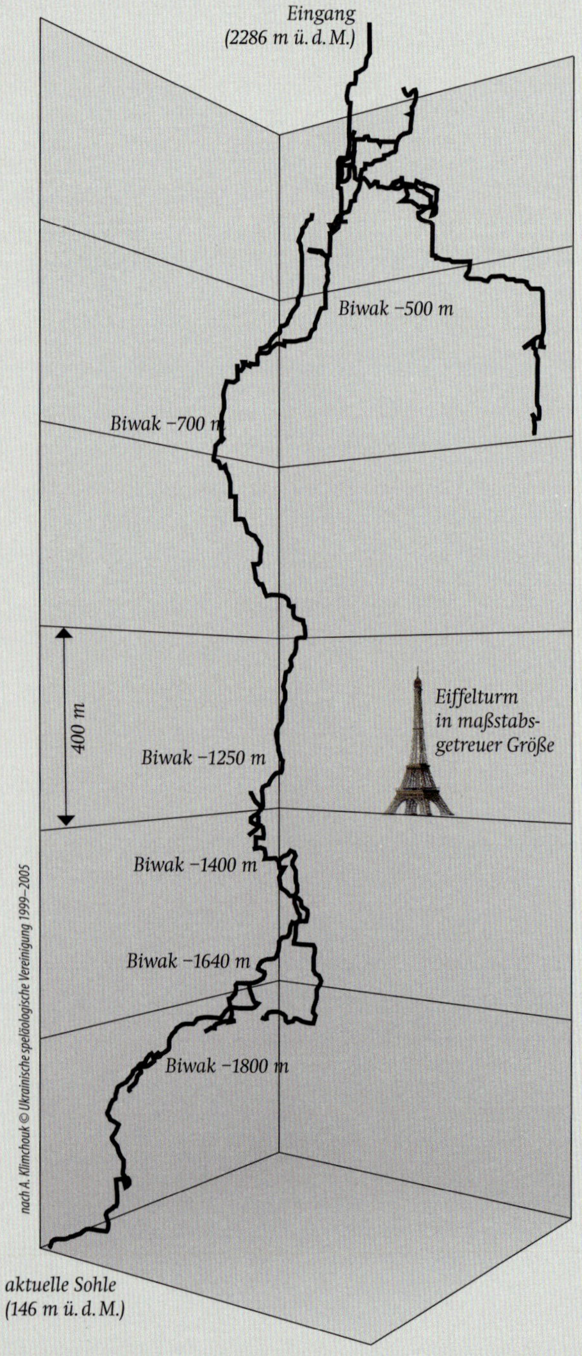

Vom Dach der Welt zum Höhlengrund

Die im abchasischen Arabika-Massiv gelegene Schachthöhle Krubera ist die derzeit tiefste bekannte Höhle überhaupt und die einzige, in der man die mythische Tiefe von 2000 m überwinden konnte.

Mehr als 3000 m Seil sind erforderlich, um die Schachtsohle zu erreichen. Eiskaskaden und Siphons erschweren das Vorankommen.

Eine Expedition in die Tiefenzone dauert fast 2 Wochen und setzt die Errichtung mehrerer unterirdischer Biwaks voraus. Da die einzelnen Camps mit der Außenwelt telefonisch verbunden sind, werden die Forscher über die Wetterverhältnisse auf dem Laufenden gehalten.

Die Schachtsohle liegt 2140 m unter dem Eingangsniveau und nur 146 m über dem Meeresspiegel. Vielleicht aber geht es sogar noch irgendwo weiter nach unten ...

Karstregionen

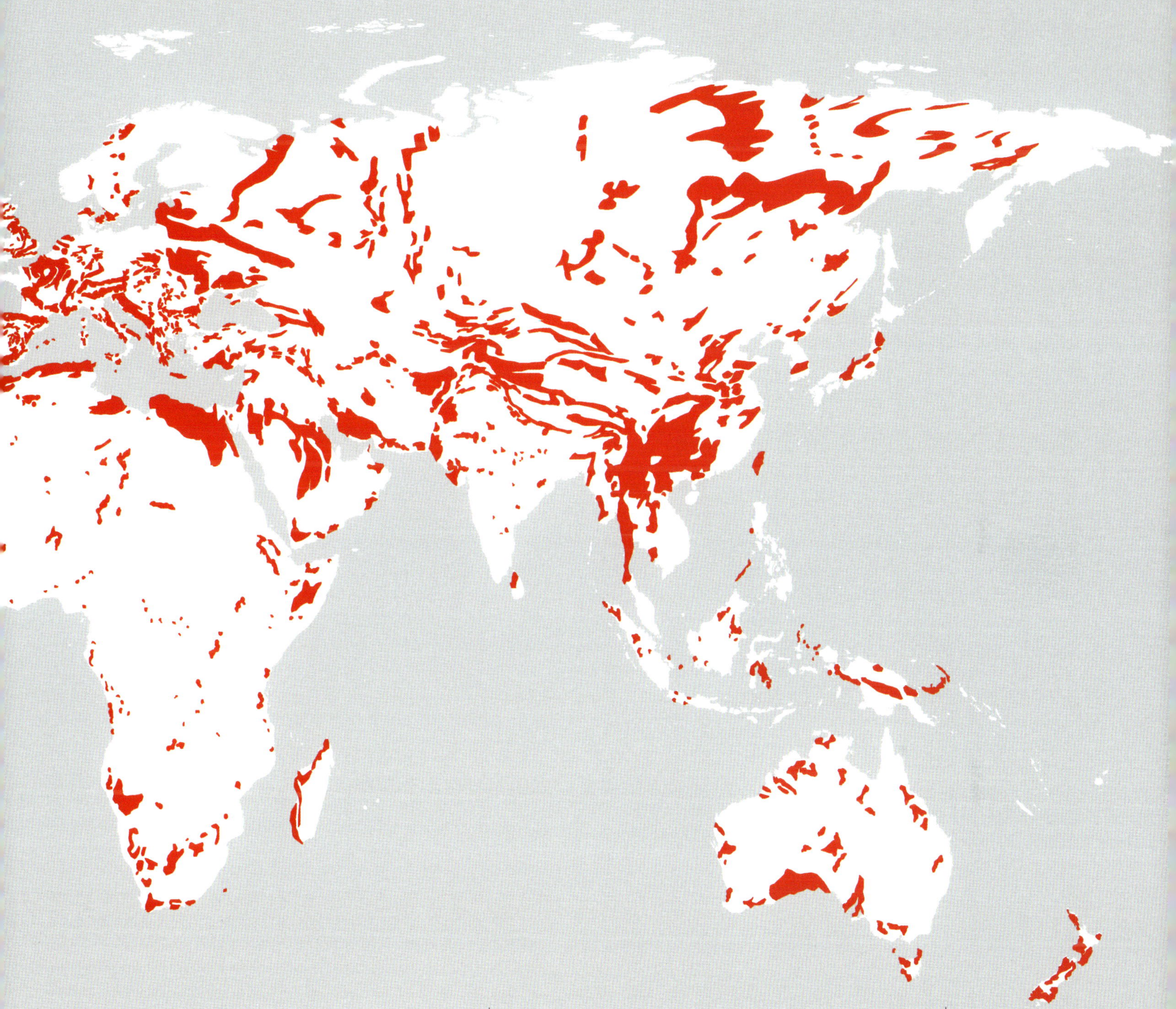

Die längsten Höhlensysteme*

Mammoth Cave System	USA	579 km
Optimisticheskaya	Ukraine	214 km
Jewel Cave	USA	208 km
Hölloch	Schweiz	189 km
Lechuguilla Cave	USA	180 km
Wind Cave	USA	176 km
Fisher Ridge Cave System	USA	172 km
Sieben Hengste/Hohgant	Schweiz	151 km
Sistema Ox Bel Ha	Mexiko	133 km
Ozernaya	Ukraine	122 km

Die tiefsten Schachthöhlen*

Krubera Cave	Georgien	– 2140 m
Gouffre Mirolda	Frankreich	– 1733 m
Lamprechtsofen/Vogelschacht	Österreich	– 1632 m
Réseau Jean Bernard	Frankreich	– 1602 m
Torca del Cerro	Spanien	– 1589 m
Sarma	Georgien	– 1543 m
Ceki 2	Slowenien	– 1533 m
Pantyukhinskaya	Georgien	– 1508 m
Sistema Cheve	Mexiko	– 1484 m
Sistema Huautla	Mexiko	– 1475 m

** Stand: Frühjahr 2006*

Diese Liste kann sich jederzeit ändern, denn überall auf der Welt sind Höhlenforscher ständig bemüht, neue Höhlen oder Fortsetzungen von bereits bekannten Höhlensystemen zu entdecken. Über den aktuellen Stand informiert: www.isska.ch

Nicht-Karst-Höhlen

Die meisten Höhlen, wie wir sie kennen, sind im Kalkstein entstanden. Es gibt jedoch noch andere Substanzen, die sich zur Höhlenbildung eignen. Lavaröhren und Gletscherhöhlen sind besonders spektakuläre Beispiele.

Quarzit

Quarzit ist ein metamorphes Gestein, bestehend aus Siliciumdioxid (SiO_2), das eine Transformation durch Umkristallisation meist von Sandsteinen bei hoher Temperatur erfahren hat. Die größten Quarzithöhlen findet man in Brasilien und Venezuela. Die unter dem Tepuy de Chimantá sich ausdehnende Cueva Charles Brewer (Venezuela) ist von ihrem Volumen her mit Sicherheit die größte bislang bekannte Quarzithöhle. Weitere große Höhlen dieses Typs kennt man aus Südafrika und Simbabwe.

Sandstein

Sandstein ist ein Sedimentgestein. Er besteht aus Sandkörnern, die durch die Bindemittel Kieselsäure, Kalk und/oder Ton verfestigt werden. Ein Beispiel für eine Sandsteinhöhle ist die 6 km lange Grotte de Pézenas (Ardèche, Frankreich). Weitere Höhlen dieser Art gibt es etwa in der Tschechischen Republik, in Rumänien und Großbritannien.

Konglomerat

Dem Sandstein nicht unähnlich, besteht Konglomerat aus durch tonige oder kalkige Bindemittel verfestigtem Schotter. Im Ebro-Becken (Katalonien) findet man mehrere solcher Höhlen. Als längste Höhle dieser Art gilt die russische Bol'shaya Oreshnaja mit einem Fließrinnensystem von 58 km Länge.

Laterit

Laterit, ein an Eisen- und Aluminiumoxidhydraten reicher Boden, entsteht bei feuchtem Tropenklima auf Granit oder Gneis. Bekannte Beispiele sind die 220 m lange Mbilibekon-Höhle in Kamerun und die 40 m lange Katenga-Höhle in Burkina Faso.

Steinsalz

Steinsalz gehört zu den Evaporaten, die durch Verdunstung von stark mineralhaltigem Wasser in heißen Pfannen entstehen. Wasserströmungen können das Salz rasch aushöhlen, doch die Hohlräume sind nicht stabil, weshalb große Salzhöhlen selten sind. Eine beachtliche Ausnahme bildet die 5 km lange und 135 m tiefe Malham-Höhle in Israel.

Granit, Gneis

Granit ist ein Eruptiv- oder Intrusivgestein, das aus den Tiefen der Erdkruste stammt und durch langsames Abkühlen einer Magmablase entstand. Bei Gneis handelt es sich meist um die metamorphe, mithin umkristallisierte Form des Ausgangsgesteins Granit. Die schwedische Bodagrottorna ist eine Gneishöhle, ebenso das 152 m tiefe Greenhorn-Cave-System in Kalifornien. Mit 180 m noch tiefer ist die Verwerfung des Mont Sapey in Savoyen. Höhlungen in diesen Gesteinen entstehen in aller Regel ausgehend von derartigen Verwerfungen.

Basalt

Bei einem Vulkanausbruch kommt es vor, dass die äußere Hülle des Lavastroms abkühlt und sich verfestigt, während unter der entstehenden Kruste die Lava in einer Art Arteriensystem noch einige Meter weiterfließt. Nach der Eruption leeren sich diese Röhren und lassen innerhalb weniger Tage ein unterirdisches Netzwerk entstehen. Ähnliche Röhren können sich auch durch allmähliche Überwölbung einer Rinne bilden. Kuzumura Cave auf Hawaii erreicht eine Tiefe von 1108 m; mehr als 60 km wurden bereits erkundet. Größere Vulkanhöhlen gibt es in Kenia, auf den Azoren, in Korea und auf den Kanarischen Inseln. Auf Lanzarote wurde eine unter dem Meeresspiegel liegende Vulkanröhre sogar tauchend erforscht.

Eis

Bisweilen sogar größere Hohlräume findet man auch in und unter den Gletschern. Die innen im Eis entstandenen Höhlungen treten dort an die Oberfläche des Gletschers, wo Gletscherbäche im Sommer feine Risse erweitern, die das Wasser nach innen dringen lassen. Diese Risse können innerhalb weniger Monate zu wahren Schächten ausgestrudelt werden, die Dutzende Meter tief sind. Diese sogenannten Gletschermühlen findet man fast überall, wo es Gletscher gibt (Patagonien, Alpen, Pakistan, Spitzbergen etc.). In Grönland konnte man eine solche Mühle bis in eine Tiefe von mehr als 200 m erkunden.
Auch zwischen Gletscher und Gesteinssockel können Höhlen entstehen. Subglaziale Gerinne begünstigen die Bildung mehr oder weniger großer Hohlräume, die bisweilen auf mehreren Hundert Metern Länge befahrbar sind.
In Island kann man einem subglazialen Fluss auf mehr als 2 km Länge folgen, und zwar bei einem Niveauunterschied von über 500 m. In diesem besonderen Fall geht die Aushöhlung des Gletschers allerdings auf ein außergewöhnliches Phänomen zurück: intensive geothermische Aktivität an den Flanken eines Vulkans.

SALZ
Saliner Hyperkarst von Solikamsk (Ural, Russland).

QUARZIT
Noodsberg Cave (Südafrika).

BASALT
Lavaröhre auf Hierro (Kanarische Inseln).

EIS
Durch geothermische Aktivität entstandene Gletscherhöhle unter dem Vulkan Kverkfjöll (Island).

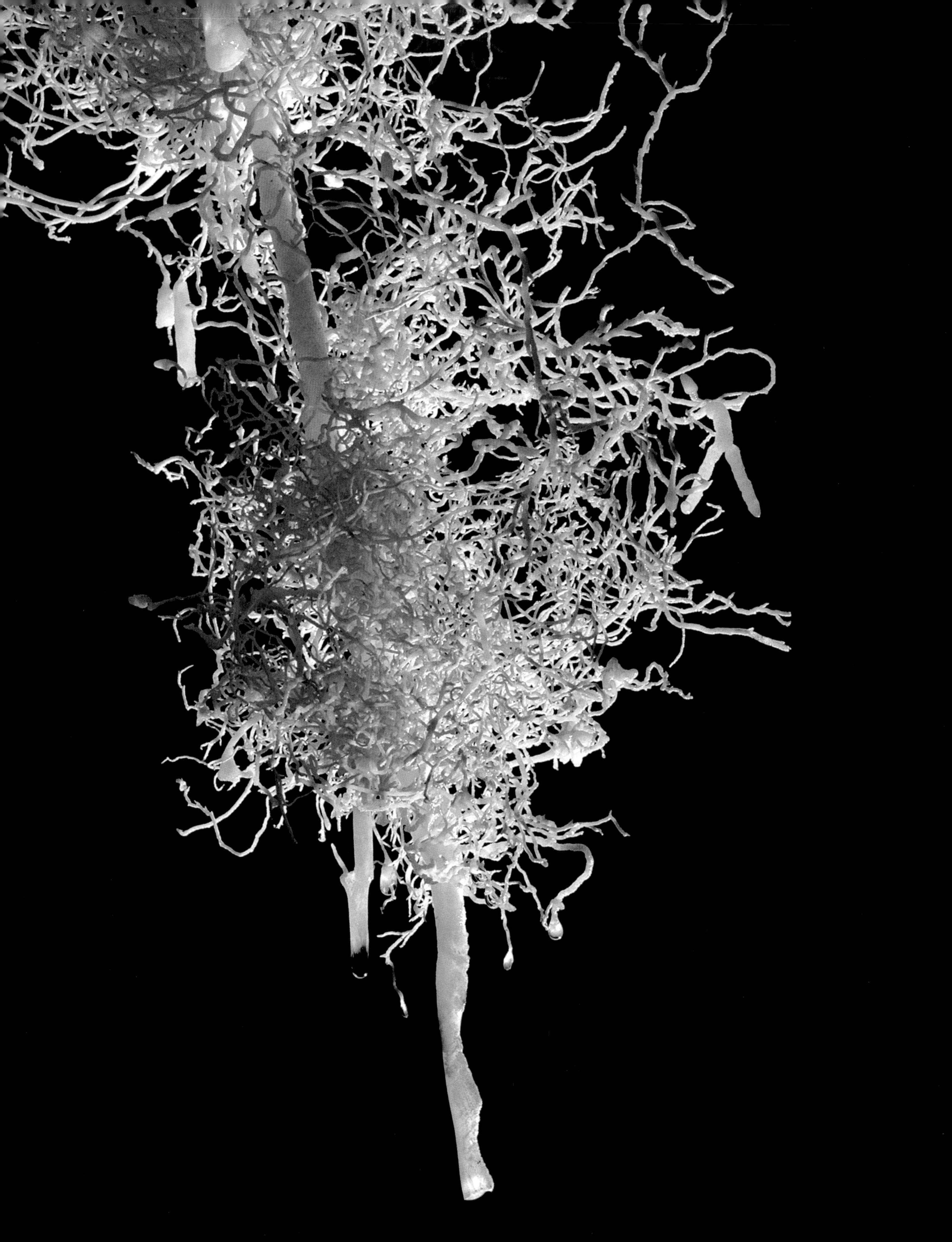

3

KABINETT DER KURIOSITÄTEN

Kristalle der Nacht

Pierre-Yves Jeannin

Höhlen gelten als eine eher feindselige, düstere, feuchte und unwirtliche Welt. In dieser Umgebung muss die betörende Reinheit der zerbrechlichen Kristalle, für die es oben auf der Erde keine Entsprechung gibt, fast übernatürlich wirken.

Als Höhlensinter oder – erst seit Kürzerem – als Speläotheme bezeichnet man die Gesamtheit der kristallisierten mineralischen Gebilde in den Höhlen und Gängen. Zahlreiche Formen, Größen, Färbungen und Minerale werden unterschieden. Wer sich näher mit diesen »Fossilien« befasst, wird von ihrem Formenreichtum fasziniert sein. Zwei Wissenschaftlern, der Amerikanerin Carol Hill und dem Italiener Paolo Forti, verdanken wir eine Bestandsaufnahme sämtlicher Formen und Mineralien, die von Höhlenforschern auf der ganzen Welt entdeckt wurden. Sie haben eine umfassende Darstellung veröffentlicht, die immer wieder für Überraschungen gut ist. 38 verschiedene Haupttypen wie Stalaktiten, Stalagmiten, Sintervorhänge, Höhlenperlen etc. sind ebenso aufgeführt wie 255 Mineralien, die man bis heute in den Höhlen der Welt gefunden hat.

▼ *Die Dreiecke in der Grotte du Grand-Roc (Dordogne, Frankreich) sind eine außergewöhnliche Form von Kalzitkristallen.*

Stalaktiten, Stalagmiten & Co.

Kalzitgebilde sind am häufigsten vertreten. Sie entstehen durch Ausfällung des im Sickerwasser gelösten und die Höhle umschließenden Kalksteins. Die von der Decke herabhängenden Stalaktiten bilden sich meist an den Austrittsstellen des in schmalen Fugen zirkulierenden Wassers. Fast alle Stalaktiten beginnen ihr Dasein als Sinterröhrchen, deren Innendurchmesser nicht größer ist als ein Wassertropfen, die dabei aber über 6 m lang werden können. Aus verschiedenen Gründen gelangt nicht immer alles Wasser in das Röhrchen. Das außen abfließende Wasser fördert die Wandverdickung, bis schließlich die bekannten Stalaktiten entstehen. Diese besitzen somit stets eine Innenröhre, die von zahlreichen sehr feinen Kalzitschichten umgeben ist.

Die senkrecht unter den Stalaktiten befindlichen Stalagmiten sind das Ergebnis der Ansammlung von Kalzit am Boden. Stalagmiten können sich aber auch bilden, ohne dass Stalaktiten über ihnen wachsen und umgekehrt. Stalagmiten besitzen keine Innenröhre, da sich der Kalzit hier vor allem in senkrechter Richtung anlagert und eine Schicht sich über die andere legt. Manche Stalagmiten erreichen eine Höhe von 30, ja 60 m!

Wenn ein Stalagmit und ein Stalaktit zusammenwachsen, spricht man von einer Tropfstein- oder Sintersäule.

Sintervorhänge sind feine, flächige, mehr oder weniger gewellte Kalksteingebilde. Manche bieten einen spektakulären Anblick, der sich vor allem dem schillernden Farbenspiel der einzelnen Kalksteinschichten verdankt – weshalb man sie oft auch mit Speckscheiben vergleicht. Sintervorhänge entstehen so: Die aus dem Fels austretenden Wassertropfen folgen den Wandvorsprüngen, bevor sie zu Boden fallen. Da sie dabei stets den gleichen Weg nehmen, bildet sich zunächst ein Grat,

▶ *Die durch herabtropfendes Wasser geformten Höhlenperlen sind meist glatte Kugeln. Asymmetrischen Formen begegnet man selten (Brinscica-Höhle, Slowenien).*

▶ *Sinterschalen in der Brinscica-Höhle. Fließwasser lässt auf einer schrägen Fläche Kalzitsäume entstehen, die das Wasser in Form terrassenförmiger Näpfchen aufstauen.*

◄◄
Sinterröhrchen (auch als Makkaroni- oder Spaghetti-Stalaktiten bekannt) in der Grotte de Coufin-Chevaline (Frankreich). Die feinen Kalzitröhrchen bilden den Ausgangspunkt für die meisten Stalaktiten.

an dem sich immer mehr Kalzitschichten ablagern, bis schließlich ein von der Decke herabhängender Vorhang entsteht.

Sinterbahnen bilden sich, wenn das Wasser an einer schrägen Wand oder auf einem geneigten Boden entlangläuft und dabei Kalzit ablagert. Sinterbahnen können eine Länge von mehreren Hundert Metern erreichen. Oft bestehen sie aus einer Vielzahl von kleinen Sinterbecken. Diese bilden sich hinter einer Kalzitbarriere, über die das Wasser hinausfließt und dabei Kalzit ablagert, bevor es sich in das nächste Becken ergießt.

Mondmilch findet man in zahlreichen Höhlen, vor allem in den eingangsnahen Zonen. Da sie wie weißer Stein aussieht, ist man immer wieder überrascht, dass Mondmilch die Konsistenz von Zahncreme hat und man leicht den Finger hineindrücken kann. Mondmilch enthält 40–80 Prozent Wasser. Beim Trocknen entstehen Krusten, die an Talkum erinnern. In der Tat handelt es sich um eine Art Emulsion, die vor allem aus mit sehr feinen Kristallen (meist Kalzit) vermengtem Wasser zusammengesetzt ist. Für die Feinheit der Kristalle lassen sich 2 Ursachen anführen: Wenn das Wasser in einigen oberflächennahen Fugen gefriert, wird der im Wasser gelöste Kalkstein ausgestoßen und der Kalzit sehr rasch ausgefällt, was die Bildung winziger Kristalle begünstigt. Hinzu kommt, dass einige Mikroorganismen, die durch die biologische Aktivität der Böden entstanden sind, in der Lage sein dürften, Kalzit in Form sehr feiner Kristalle auszufällen. Ebenfalls nicht auszuschließen ist, dass spezielle Bewetterungsverhältnisse zur intensiven Freisetzung von Kohlendioxid oder zu einer ausreichenden Verdunstung führen, sodass der Kalzit rasch in Form winziger Kristalle ausgefällt wird.

Höhlenperlen können einen Durchmesser von mehreren Zentimetern erreichen. Ihre Existenz ver-

◄
Korrodierte Stalagmitenkruste mit »Jahresringen« aus Kalzit (Kahf Tahry, Oman).

◄
Gips-Monokristall an der Spitze eines Decken-Excentrique oder Helictits (Promeszutochnaya, Turkmenistan).

◄
Kalzitkreis mit einem Durchmesser von 120 cm am Boden der Bezerra-Höhle (Brasilien). Dieses überaus seltene Gebilde entsteht durch von der Decke herabfallende Wassertropfen, die vom Boden abprallen und beim zweiten Auftreffen Kalzit freisetzen.

danken sie dem ständig von Decken oder Wänden herabtropfenden Wasser. Rund um einen Gesteinspartikel oder ein Sandkorn lagert sich Kalkstein in konzentrischen Schalen ab. Der stete Aufprall von Wassertropfen lässt die Perlen gegeneinander reiben, sodass sie in einzelnen Fällen eine vollkommen glatte Kugelform annehmen.

▼
Draperien oder Sintervorhänge gehören zu den klassischen Höhlensintern (Peştera Cloşani, Rumänien).

Extravagante Excentriques

Neben den klassischen Formen halten die Höhlen einige noch ausgefallenere Gebilde bereit, die jedoch entsprechend selten sind – beispielsweise würfelförmige oder sechseckige Perlen. Die sogenannten Excentriques scheinen allen Gesetzen der Schwerkraft zu trotzen. Anders als gewöhnliche Stalaktiten drehen und winden sie sich scheinbar ohne erkennbare Logik in sämtliche Richtungen.

Bisher haben wir allein vom weit überwiegenden Kalksinter gesprochen. Sehr häufig sind in Höhlen noch 2 weitere Mineralien zu finden, nämlich Aragonit und Gips, mitunter sogar in größerer Fülle als Kalzit. Aragonit kristallisiert zu veritablen glitzernden Sträußen oder Büscheln. Gerade die südfranzösischen Höhlen sind weltweit für ihre Aragonit-Ausblühungen bekannt. Gips wiederum kristallisiert zu Blumen oder Stäben, die mehrere Dezimeter Länge erreichen können, aber auch zu Krusten, riesigen Kristallen, Blasen, Fäden, Haaren etc.

Ein wenig Chemie

Es würde den Rahmen dieses Buches sprengen, an dieser Stelle die Entstehung der einzelnen Höhlensinter genau zu beschreiben. Hierzu sei auf das oben angeführte englischsprachige Werk verwiesen, das eine hervorragende Gesamtübersicht bietet (vg. S. 74, 1. Abschnitt). Da die Mehrheit der Sinter und Kristalle aus Kalziumkarbonat besteht, wollen wir uns darauf beschränken, die Entstehung derartiger Gebilde zu skizzieren.

Warum so viel Kalziumkarbonat? Nun, die Antwort ist einfach: Kalkstein besteht aus Kalzit, einem Kalziumkarbonat, das im Sickerwasser gelöst und dann in Höhlen abgelagert wird.

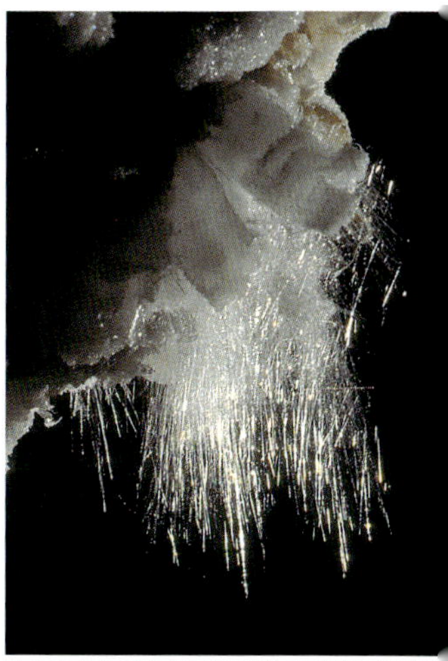

▲
Gipshaare und eine »gelb-weiße, mit Cornflakes bedeckte Wolke« bereichern die außergewöhnliche Landschaft von Lechuguilla Cave (New Mexico, Vereinigte Staaten).

▶ ▶
Die relativ seltenen Sinterscheiben (links oben) können Durchmesser von mehreren Metern erreichen (Cupp-Coutunn-Höhle, Turkmenistan).

Stark korrodierter, pilzförmiger Stalagmit (Diros-Höhle, Griechenland).

Sintergang in der Höhle Jazbina v Rovnjak (Slowenien). Im Vordergrund ein Sinterbecken mit Kalzitsaum.

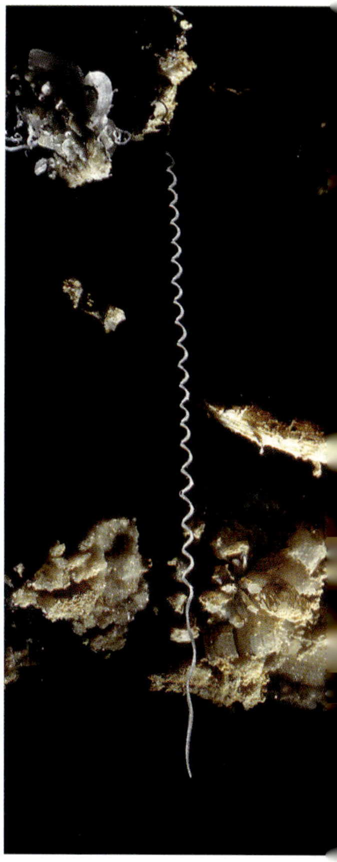

◄ Eine der mit rund 30 m höchsten Sintersäulen weltweit (Cottonwood Cave, New Mexico, Vereinigte Staaten).

Warum werden diese Mineralien abgelagert, anstatt im Wasser gelöst zu bleiben? Die Antwort auf diese Frage fällt ein wenig komplizierter aus. Die Löslichkeit von Kalkstein wird durch die Anwesenheit von CO_2 erhöht, das rund 0,03 Prozent der Erdatmosphäre ausmacht. Durch die biologische Aktivität (Atmung der Organismen) der dem Kalkstein meist aufsitzenden Grasnarbe kann dieser Wert leicht auf 5 Prozent ansteigen. Das perkolierende Wasser wird daher mit CO_2 angereichert und vermag nun viel Kalkstein zu lösen, sobald es dort versickert.

Nach einigen Dutzend Metern im Kalkstein ist das Wasser jedoch bereits fast gesättigt. Wenn das Wasser in einer Höhle austritt, besitzt es gewöhnlich einen deutlich geringeren CO_2-Gehalt als der Boden; es enthält somit zu diesem Zeitpunkt in Bezug auf das CO_2 der Umgebung zu viel gelösten Kalkstein. Folglich kristallisiert das Kalziumkarbonat, während der CO_2-Gehalt des Wassers sich den Umgebungsbedingungen anpasst.

Und wie lagert sich das Kalziumkarbonat ab? Meist kristallisiert es in Form feiner Jahresschichten. Ähnlich wie die biologische Aktivität im Erdreich einem markanten saisonalen Zyklus folgt (hohe Aktivität von Frühling bis Herbst, geringe Aktivität im Winter), geht auch in der Höhle das Wachstum im Winter zurück, um im Sommer wieder zuzunehmen. So werden feinste Schichten aus Kalzit (bisweilen auch Aragonit) übereinander abgelagert. Je nach den örtlichen Gegebenheiten und Fließbewegungen lassen die sukzessiven Schichten Stalaktiten, Stalagmiten, Sintervorhänge, Sinterbecken oder Höhlenperlen entstehen.

Gelegentlich geht die Ausfällung auch auf Mikroorganismen (Bakterien) zurück, die in der Lage sind, Kalziumkarbonat auszukristallisieren. Das Gros dieser Kristalle entsteht an der Luft, manche indes eher unter Wasser.

Die unterirdische Bildung von Gipskristallen verläuft etwas anders. In der Regel verdankt sie sich nämlich der Verdunstung des Höhlenwassers. Daher findet man Gips fast immer in besonders trockenen Gängen, deren Feuchtigkeit zumindest gelegentlich unter den Sättigungspunkt sinkt. In bestimmten Fällen können auch Kalksinter durch Verdunstung entstehen.

Auch Höhlensinter kann absterben, also sein Wachstum einstellen, um schließlich zu fossilisieren. Der Anfang vom Ende besteht meist in der fehlenden Wasserzufuhr. Es kann schon ausreichen, dass die unterirdischen Gerinne ihren Lauf geändert haben, meist aber sind es veränderte Außenbedingungen bezüglich Klima, Boden oder Topografie, die zur Austrocknung führen. Andererseits können Höhlensinter auch nach Jahrtausenden der Ruhe wieder lebendig werden und einen neuen Wachstumszyklus beginnen!

▲ Extravagantes Gipsgebilde in der Puketti Flower Cave (Neuseeland).

▼ Stalagmiten-Massiv in der Borne aux Cassots (Französischer Jura).

im tiefen Dunkel strahlen die Kristalle umso prächtiger

▲ Kalzitkristalle mit der Form von Schmetterlingsflügeln (Aven d'Orgnac-Issirac, Ardèche, Frankreich).

Uralt und leicht zerbrechlich

Die meisten Höhlensinter wachsen durch Anlagerung feiner, nur 0,01–0,5 mm dicker Schichten. Eine Schicht entspricht jeweils einem Jahreszyklus. Ein Stalagmit benötigt somit 20–1000 Jahre, um 1 cm zu wachsen. Da die größten Stalagmiten eine Höhe von über 60 m erreichen, besitzen einige das stattliche Alter von mehreren Millionen Jahren.

Sintergebilde zeigen eine breite Palette an Farbschattierungen. Bedingt durch die weiße Färbung von Kalzit, Aragonit und Gips haben die meisten Speläotheme eben diese Farbe, die jedoch einen spektakulären Kontrast zu der finsteren Umgebung bildet, der oft noch durch dunkles Gestein verstärkt wird. Doch Weiß ist nicht gleich Weiß – es kann milchig, glasig, durchscheinend, schillernd u.v.m. sein. Die am häufigsten anzutreffenden Höhlensinter zeigen gelbliche, bräunliche oder rötliche Farbtöne, bis hin zu reinem Orange, Rot oder fast vollständigem Schwarz. Obwohl man hierfür oft Eisen oder Mangan verantwortlich macht, geht die Färbung meist auf organische Substanzen zurück, die an der Oberfläche in den Böden entstanden und im Höhlensinter eingebaut wurden. In manchen Fällen sind auch Spuren von Nickel für diese Farben verantwortlich. Ausnahmsweise kann Kupfer zu einem sehr kräftigen Grün oder Blau führen. In der Regel reicht bereits ein Anteil von rund 0,01 Prozent für eine sehr intensive Färbung. Mitunter sind die Farben genau genommen nicht die der Kristalle, sondern die der Pigmente oder anhaftender Partikel. Für einen braunen, roten oder schwarzen Belag sind meist Eisen- oder Manganhydroxide verantwortlich.

Alle Sintergebilde sind sehr empfindlich! Bei den feinen Gipshaaren und langen Sinterröhrchen ist das offensichtlich, weniger indes bei dicken Tropfsteinsäulen oder Sinterbahnen. Auch sollte man stets daran denken, dass das Wachstum Schicht auf Schicht und dank eines wässrigen Films erfolgt, der die Oberfläche benetzt und dort nach und nach sehr dünne Kristallschichten ablagert. Eine schlichte Berührung oder ein offenes Feuer kann ausreichen, damit sich Fremdkörper anlagern und der Feuchtigkeitsfilm deformiert wird. Dies kann sogar die künftige Form des Gebildes verändern. Höhlensinter sollte man daher nach Möglichkeit nicht berühren.

▶ Aragonit-Büschel (Bezerra-Höhle, Goiás, Brasilien).

▶ Barocke Ausblühungen von Aragonit-Kristallen, wie sie in den Höhlen Südfrankreichs besonders reich vertreten sind (Grotte de Pousselières, Hérault, Frankreich).

Luft, Wasser und Eis: das Höhlenklima

Marc Luetscher

»Ja, erstickt ihr denn nicht in euren Höhlen?« **Dies ist eine der häufigsten Fragen, die man als Höhlenforscher zu hören bekommt. Die Furcht, zu wenig Luft zu haben, spiegelt die allgemeine Beklommenheit wider, die man üblicherweise gegenüber dieser unbekannten Welt empfindet. Doch auch für den Wissenschaftler ist diese Frage nicht unbedeutend. Die unter der Erde herrschenden atmosphärischen Bedingungen sind nämlich in der Tat eng mit Problemen des Tiefbaus, der Geothermik und auch der öffentlichen Gesundheit verknüpft.**

Das Vorhandensein von Höhlen in einem Kalksteinmassiv geht mit besonderen thermischen und klimatischen Eigenschaften einher. Zusammen mit den zahlreichen, durch die Rissbildung entstandenen Hohlräumen begünstigen die großen Fließrinnen nicht nur die Ableitung des Sickerwassers, sondern auch größere Luftströmungen, die das Höhlenklima maßgeblich beeinflussen.

Auf den ersten Blick mag man davon ausgehen, dass die unterirdische Luft der Außenluft ähnlich ist. Bei genauerer Betrachtung findet man jedoch meist Unterschiede: Kohlendioxid und Radon erreichen höhere, bisweilen deutlich höhere Werte als im Freien. Die Luftfeuchtigkeit liegt oft dicht unter dem Sättigungspunkt, bei bemerkenswert stabiler Temperatur. Da die Messwerte je nach Höhlensystem starken Schwankungen unterliegen, hat man die unterirdischen Klimaprozesse näher untersucht.

▲ *Die Temperatur im Inneren einer Höhle hängt von ihrer geografischen Lage ab, entspricht aber meist der durchschnittlichen Außentemperatur. In der Jebel-Hafit-Höhle (Vereinigte Arabische Emirate) beträgt sie über 30 °C.*

Nicht einfach heiß oder kalt

Jenseits des Eingangsbereichs eines Höhlensystems, das starken saisonalen Schwankungen unterliegt, zeigen die Karsttemperaturen auffallend geringe Veränderungen. Diese thermische Trägheit kann man grundsätzlich weitgehend dem umgebenden Gestein zuschreiben, doch die Temperaturverteilung innerhalb eines Karstsystems ist von den gegebenen Luft- und Wasserströmungen abhängig.

In der Erdkruste steigt die Temperatur mit zunehmender Tiefe um einen mittleren Wert von rund 3 °C/100 m. Im Karst liegt dieser Wert je nach Höhe und relativer Luftfeuchtigkeit zwischen 0,3 und 0,6 °C/100 m, ist also 5- bis 10-mal niedriger. In aller Regel kann man feststellen, dass die Temperatur in einer Höhle dem Jahresmittel der Außenluft in gleicher Höhe entspricht. Von dieser einfachen Gleichung lässt sich ableiten, dass die Temperatur in einer Höhle umso höher ist, je näher man sich am Äquator und am Meeresspiegel befindet. Je nach Breitengrad und lokalem Kontext bestehen erhebliche Unterschiede. Zu den heißen Höhlen zählen Khaf Hamam im Jebel Hafit (Vereinigte Arabische Emirate) mit 37 °C und Rhar es-Skhoun (Algerien) mit 30–33 °C. Im Ausnahmefall kann die Lufttemperatur extrem hoch sein, in der Naica Crystal Cave (Chihuahua, Mexiko) bis 60 °C. Kalte Höhlen sind viel zahlreicher vertreten, vor allem in der Arktis (Kanada, Spitzbergen) und im Alpenraum. Die Temperatur im schweizerischen Jochloch, das sich in 3470 m Höhe zum Jungfraujoch öffnet, beträgt im Jahresmittel –5 °C.

Im Eingangsbereich einer Höhle wird die Temperatur dagegen wie bereits erwähnt stark von den äußeren atmosphärischen Bedingungen beeinflusst. Hier kann man hohe Temperaturabweichungen beobachten, deren Reichweite teilweise mehrere Hundert Meter beträgt. Im oberen Teil eines belüfteten (bewetterten) Systems ist die Temperatur leicht erhöht, während die Durchschnittstemperatur im tiefer gelegenen Eingangsbereich etwas unter dem Vergleichswert liegt. Diese thermischen Anomalien lassen mitunter gewaltige Mengen an Höhleneis entstehen – ein spektakulärer Beweis für die Auswirkung der Luftströmungen in einem Karstsystem.

▲ *Das Höhlenklima ist von der Bewetterung der Gänge abhängig. Unterirdische Luft ist oft mit Feuchtigkeit gesättigt. Ihre Zusammensetzung kann durch organische Substanzen (hier: Guano) oder aus größerer Tiefe austretende Gase beeinflusst werden.*

Luftströmungen

Die Temperaturkontraste zwischen außen und innen gehen mit Dichteunterschieden einher, die zu starken Luftströmungen führen. Im Winter liegt die Temperatur im Karst über der Außentemperatur, weshalb die unterirdische Luft durch einen höheren Eingang entweicht, sodass Frischluft in die tiefer gelegenen Eingänge gelangt. Dieser Luftstrom kann in einer einzigen Fließrinne mehrere Dutzend Kubikmeter pro Sekunde erreichen. Seine Richtungsumkehr hängt vor allem von saisonalen Schwankungen der Außentemperatur ab. Dieses Phänomen ist umso markanter, je größer der Höhenunterschied zwischen dem obersten und untersten Punkt des Karstsystems ausfällt. Besitzt eine Höhle jedoch nur einen einzigen Eingang, der zu einem abschüssigen und an seinem Ende verstopften Gang führt, kann sie als Wärmefalle wirken. In diesem Fall sind die austauschfähigen Luftströmungen auf einen präzisen Jahresabschnitt begrenzt.

Wenn größere unterirdische Volumina gegeben sind, können Luftströmungen auch bei einer unvermittelten Veränderung des äußeren atmosphärischen Drucks auftreten. Grund für dieses Phänomen der atmenden Höhle ist die Elastizität der Gase. Ein Absinken des Außendrucks bewirkt einen Druckrückgang der Höhlenluft. Deren Volumen nimmt folglich zu, während das Volumen der Höhle konstant ist. Also entweicht die Luft durch die Eingänge. Bei zunehmendem Außendruck gilt entsprechend das Gegenteil.

Vom Kohlendioxid zum Radon

Dank des beträchtlichen Luftaustauschs unterscheidet sich die unterirdische Luft nur wenig von der Außenluft. Unter besonderen Bedingungen kann sich die Höhlenluft jedoch mit verschiedenen Gasen anreichern. Diese entstehen meist durch Veränderungen der im Gestein eingeschlossenen Mineralien oder die Zersetzung organischer Substanzen. In diesem Fall kann man einen ungewöhnlich hohen Gehalt an Methan (CH_4), Schwefelwasserstoff (H_2S), Ammoniak (NH_3) oder Kohlenmonoxid (CO) beobachten. Zwar kommen diese Gase in Karsthöhlen eher selten vor, doch ein erhöhter Gehalt an Kohlendioxid (CO_2) konnte beispielsweise in zahlreichen südfranzösischen Höhlen festgestellt werden.

Unterirdisches Kohlendioxid kann mehrere Ursachen haben. Zum einen kann es dem Sickerwasser entweichen, das beim Kontakt mit der äußeren Bodendecke Kohlendioxid aufgenommen hat. Zum anderen kann es auch durch die Oxidation organischer Substanzen oder durch Vulkanismus bedingt sein.

Normale Außenluft enthält durchschnittlich 0,03 Prozent CO_2, doch in manchen australischen und französischen Höhlen wurden knapp 13 Prozent gemessen. Man weiß, dass ein längerer Aufenthalt in einer Atmosphäre mit 5 Prozent CO_2 beim Menschen irreversible Schäden hervorrufen kann. Beim Befahren von Höhlen, deren Luft für ihren ungewöhnlich hohen Kohlendioxidgehalt bekannt ist, sollte man daher besondere Vorsicht walten lassen.

Das farb- und geruchlose Radon ist ein Produkt aus der Zerfallsreihe der im Kalkstein natürlich vorkommenden Elemente Uran und Radium. Höchstwahrscheinlich stammt das Radon aus mit Radium angereicherten unteren Zonen der Pflanzendecke. Das durch den Boden sickernde Wasser nimmt lösliches Radon auf und befördert es weiter nach unten in das Karstsystem. Um mit der unterirdischen Atmosphäre ein Gleichgewicht herzustellen, tritt das Radon in der Höhle wieder aus. Da die Luftströmungen hier oft nicht ausreichen, um alles frei werdende Radon sofort abzuleiten, kann man in manchen Höhlen erhöhte Radonwerte messen.

In vielen Karstgebieten verursacht Radon ein massives Gesundheitsproblem. Die beim Zerfall freigesetzten radioaktiven Teilchen verbinden sich mit den Aerosolen der Luft und können im Zellgewebe der Lunge zu Genmutationen führen, bis hin zum Krebs. Zwar sind die Radonkonzentrationen der Außenluft zu gering, um ein Risiko darzustellen, doch in engen Räumen können außergewöhnlich hohe Werte gemessen werden. In manchen Höhlen wurden Werte erreicht, die bis zu 4000-mal höher sind als in der Außenluft. Sofern man sich dort nicht länger aufhält, bleibt das Risi-

Höhlenklima

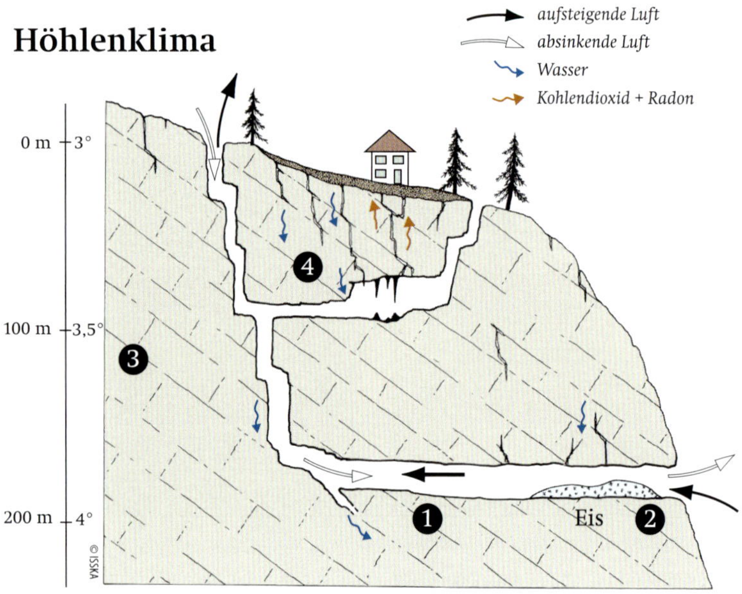

1 *In Höhlensystemen mit mehreren gestuften Eingängen sinkt die unterirdische Luft vor allem im Sommer ab, da sie kälter ist als die Außenluft.*

2 *Hauptsächlich im Winter geschieht das Gegenteil: Relativ kalte Luft wird durch die unteren Eingänge angesaugt, sodass das Sickerwasser unter Umständen gefrieren kann.*

3 *Der höhenabhängige Temperaturrückgang ist von den im Karst vorhandenen Luft- und Wasserströmungen abhängig und beträgt meist um 0,5 °C/100 m.*

4 *In der Höhle treten im Sickerwasser gelöstes Kohlendioxid und Radon aus. Unterirdische Luftströme lassen diese Gase an die Oberfläche gelangen, wo sie sich in Wohnhäusern konzentrieren können.*

ko für den Höhlenforscher dennoch gering. Aus Hohlräumen oder Fugen kann Radon jedoch bis in die Keller von Wohnhäusern gelangen!

Ein nützliches Archiv

Die unterirdischen Klimabedingungen haben unmittelbaren Einfluss auf die Bildung von Karstsedimenten, gleich ob detritisch wie bei der Ablagerung von Sanden und Lehmen oder chemisch wie beim Höhlensinter.

Klimaveränderungen können eine spezielle Schichtenfolge hervorrufen: Austrocknung mit Umschichtung von Kiessanden und Tonen oder Abkühlung (Eiszeit) mit einem von Warven (Bänderton) überlagerten Sand. Zudem kann eine veränderte Zufuhr von Wasser oder Luft die Kristallbildung nachhaltig beeinflussen – neben der Geometrie auch die chemische Zusammensetzung. Durch ein bemerkenswert stabiles unterirdisches Milieu vor Erosion geschützt, blieben diese Sedimente in manchen Fällen mehrere Hunderttausend Jahre erhalten.

Dieses uralte Umweltarchiv ist eine wahre Fundgrube für die Wissenschaft. Eine präzise Datierung lässt sich erzielen, indem man die Radioaktivität bestimmter Elemente wie Uran oder Thorium misst, die im Sediment natürlich vorkommen. Durch Analyse der Sauerstoff- oder Kohlenstoff-Isotope in einem Stalagmit lassen sich Informationen über die jeweiligen äußeren Klimaverhältnisse gewinnen. Die detaillierte chemische Analyse gibt zudem einen Anhaltspunkt für den Einfluss des Menschen in einer bestimmten Region. Diese Methoden haben wichtige Wege geebnet, die einstige Umwelt besser kennenzulernen. Die Studien werden allerdings noch viel Arbeit erfordern, bis man ihr ganzes Potenzial wird ausschöpfen können. Ihre Rechtfertigung finden sie nicht zuletzt

▲ *Der Karst verkörpert ein außergewöhnliches Umweltarchiv. Die Analyse von Sediment- (oben) oder Sinterschichten (unten) erlaubt die Rekonstruktion von Klimaschwankungen, die sich teils vor Hunderttausenden von Jahren ereignet haben.*

▲ *Unterirdische Wasserläufe lagern in manchen Höhlengängen eine ungeheure Sedimentfracht ab, die bisweilen sämtliche Hohlräume ausfüllt.*

durch die aktuelle Diskussion über den Anteil des Menschen an der in den letzten Jahrzehnten beobachteten globalen Erwärmung. Modelle zur Voraussage der Klimaentwicklung setzen eine präzise Kenntnis der bisherigen natürlichen Schwankungen voraus. Das lückenlose Sedimentarchiv bestimmter Höhlen leistet einen Beitrag zur Interpretation der Klimaschwankungen im Quartär und Tertiär, den letzten geologischen Perioden, in denen ein großer Teil der Karstsedimente abgelagert wurde.

Unterirdische Eiskeller

Anders als in subpolaren Regionen sind mit ewigem Eis gefüllte Eishöhlen in den mittleren Breiten eher selten anzutreffen.

Die ältesten, aus dem 16. Jahrhundert stammenden Chroniken zeugen davon, welch große Bedeutung den Eishöhlen zukam. Im Sommer eine überaus wertvolle Kühlkammer für Lebensmittel, dienten sie überdies zur regionalen Eisgewinnung. Dieses besondere Interesse weckte wiederum die Neugier mancher Naturforscher, die mehr oder weniger fundierte Theorien über den Ursprung des Eises aufstellten.

In den letzten Jahrzehnten durchgeführte Sondierungen führten zur Entdeckung und Untersuchung von Eishöhlen nicht nur in den Alpen und Pyrenäen, sondern auch in den Rocky Mountains, Karpaten, im Kaukasus, im iranischen Zagros- und marokkanisch-algerischen Atlasgebirge. Im Hochgebirge findet man häufig Schneeansammlungen am Grund bestimmter Schachthöhlen, doch trifft man ewiges Eis auch in Regionen an, deren Temperatur im Jahresmittel über 5 °C beträgt. Höhleneis kann aus veritablem Firneis (komprimierter Schnee) bestehen, aber auch aus Ansammlungen von Erstarrungseis oder, in geringerem Umfang, aus Reifdepots. Noch seltener begegnet man Eisintrusionen in unmittelbarer Nähe von Gletschern (Castelguard Cave in Kanada oder Milchbachhöhle in der Schweiz). Zu den größten bekannten Gebilden dieser Art zählen die Eishöhlen Mitteleuropas (Österreich, Slowakei, Rumänien), die ein geschätztes Füllvolumen von über 100 000 m³ aufweisen.

▶ *Ghețarul de la Scărișoara (Rumänien) ist mit über 70 000 m³ Eis gefüllt – trotz einer mittleren Außentemperatur von rund 7 °C. Analysen haben ergeben, dass das Eis mehr als 1000 Jahre alt ist.*

◀
Höhleneis zeigt je nach seiner Entstehung die unterschiedlichsten Formen. Kondensationskristalle (oben, Muzeyskaya, Russland), Erstarrungseis (unten, Eishöhle Monlési, Schweiz) und Schneeansammlungen sind die häufigsten Varianten.

◀
Feuchte Luftströmungen führten an den abgekühlten, in der Nähe des Höhleneingangs gelegenen Wänden zu ansehnlichen Reifdepots (Muzeyskaya, Russland).

In den gemäßigten Zonen findet man unterirdisches Eis meist in der Nähe des Höhleneingangs, der saisonalen Schwankungen ausgesetzt ist. Gewöhnlich entsteht dieses Eis zum Frühlingsanfang, wenn das einsickernde Schmelzwasser beim Kontakt mit der durch die Luftströmungen abgekühlten Umgebung gefriert. So wird jedes Jahr eine neue Eisschicht abgelagert, die im Sommer wieder antaut. Radiokarbon-Datierungen haben ergeben, dass manche Eisanhäufungen mehr als 3500 Jahre alt und andere das Produkt extrem aktiver Systeme sind, die ihre Höhlengletscher in weniger als 100 Jahren komplett erneuern dürften.

Angesichts der viel diskutierten globalen Erwärmung interessiert sich die Wissenschaft wieder deutlich stärker für Eishöhlen. Während die meisten Alpengletscher aufgrund einer beträchtlichen sommerlichen Schmelze stark zurückgehen, zeigen manche Eishöhlen trotz aller Widrigkeiten eine ausgeglichene Massebilanz. Dieses heikle Gleichgewicht setzt jedoch günstige Klimabedingungen mit ausreichend Schnee und Frost voraus. Eishöhlen können daher als Indikatoren für winterliche Klimaschwankungen fungieren und somit eine wertvolle Ergänzung der anderen natürlichen Archive darstellen, die den Klimatologen zur Verfügung stehen, seien es Jahresringe, Eisbohrkerne, Süßwassersedimente oder Stalagmiten.

▶
Glacière du Vergy, Frankreich (Stich aus dem Jahr 1890). Eishöhlen sind als Laune der Natur bereits seit sehr langer Zeit bekannt.

▶ ▶
Die geräumigsten Eishöhlen findet man in den österreichischen Alpen (Schwarzmooskogel-Eishöhle, Totes Gebirge).

Höhlenfauna

Michel Blant

Ungeachtet der Finsternis wird die unterirdische Welt von zahlreichen Lebewesen bevölkert. Während die auf die Photosynthese angewiesenen grünen Pflanzen auf den Höhleneingang beschränkt sind, leben manche Tiere in den Tiefen des Karsts.

Bestimmte Arten, die Troglobionten, gingen dabei so weit, dass sie gar keinen Kontakt mehr mit der Außenwelt haben. Die in der Nähe der Höhleneingänge lebenden Arten nennt man Troglophile, während man die Höhlengäste als Trogloxene bezeichnet.

Der Finsternis verpflichtet

Da sie mit völliger Dunkelheit zurechtkommen müssen, haben die unterirdisch lebenden Tiere im Lauf der Zeit bemerkenswerte Anpassungen entwickelt. Am auffälligsten ist das Fehlen der Augen (Anophthalmie) und der Hautfärbung (Depigmentierung), 2 Merkmale, die oberirdische Lebewesen unbedingt brauchen, um sich zu orientieren und vor der Sonne zu schützen. Viele Troglobionten – von den kleinsten (Mikroinvertebraten) bis zu den größten (manche Fische) – besitzen diese beiden Merkmale, die bestimmt einen gemeinsamen evolutionären Ursprung haben. Interessanterweise wurden sie durch Regression erworben: In der frühen Embryonalentwicklung einiger Spezies ist ein Sehorgan angelegt, das jedoch bis zum Schlüpfen wieder verschwindet. Das bedeutet jedoch nicht, dass es gar keine Funktion mehr hat. Der Grottenolm ist zwar blind, doch er besitzt lichtempfindliche Zellen unter der Haut. Andere Arten wie die Brunnenkrebse der Gattung *Niphargus* reagieren mit ihren Sinneszellen unmittelbar auf starke Lichtquellen.

Der Verlust des Sehvermögens geht häufig mit der Entwicklung anderer Sinnesorgane wie besonders langen Flimmern oder Fühlern einher. Angesichts ihrer Lebensbedingungen sind die sensorischen Bedürfnisse der Troglobionten jedoch sehr begrenzt. Die Luftfeuchtigkeit schwankt kaum und liegt oft dicht unter dem Sättigungspunkt, und die Temperaturen variieren allenfalls ein wenig. Nur außergewöhnliche Ereignisse wie der Besuch von Speläologen, herabstürzende Felsen oder Hochwasser können eine Ruhe stören, wie sie seit vielen Jahrtausenden bestehen mag.

▸ *Die rund 1 cm langen Brunnenkrebse (*Niphargus *sp.) kann man relativ einfach in Sinterbecken und kleinen Seen der Höhlen Mitteleuropas und des Mittelmeerraums beobachten, aber auch in einigen Höhlen Kleinasiens.*

▸ *Die Höhlen Mexikos bewohnend, besitzt* Anoptychthys jordani, *die unterirdische Spielart des Silbersalmlers* Astyanax fasciatus, *im Embryonalstadium die Anlage eines Auges (oben: Setzling). Beim erwachsenen Tier ist dieses Organ verschwunden, und es reagiert nicht mehr auf Lichtreize.*

Der Grottenolm, eine lebende Legende

Erstmals erwähnt wurden diese merkwürdigen Geschöpfe 1689 von dem slowenischen Baron und Historiker Janez Vajkard Valvasor, der sie als die jungen Drachen von Vrhnika (ehemaliges Herzogtum Krain) bezeichnet. Damals ahnte er noch nicht, dass er eigentlich ein Höhlentier beobachtet hatte, das 1768 von Joseph Nicolaus Laurenti beschrieben wurde und den wissenschaftlichen Namen *Proteus anguineus* erhielt.

▲
Fossilisierte Meerasseln findet man bereits im 245 Millionen Jahre alten Gestein der Trias. Monolistra*-Arten sind die einzigen Asseln, die vor 20 Millionen Jahren im Miozän nach dem Rückzug des Meeres den unterirdischen Lebensraum besiedelt haben.*

◀
Der Grottenolm in seinem Element – eine Begegnung wie aus einem Fantasyfilm. Die hinter dem Kopf liegenden äußeren Kiemen sind ein Merkmal, das gewöhnlich dem Larvenstadium von Amphibien vorbehalten ist.

Der Grottenolm ist ein Höhlen bewohnender Lurch der Ordnung Schwanzlurche. Er ähnelt einem augenlosen Salamander mit weißlichem oder rosa Körper und 20–30 cm Länge. Seine äußeren Kiemen sind ein Kennzeichen der Neotenie, da sie sonst gewöhnlich auf das Larvenstadium (Kaulquappen) beschränkt bleiben. Somit ist der Grottenolm das am frühsten entdeckte Höhlentier und zugleich eines, das Höhlenforscher und Wissenschaftler bis heute fasziniert.

Der Grottenolm wurde eingehend erforscht, vor allem im unterirdischen Labor von Moulis in den französischen Pyrenäen, wo sogar die Nachzucht gelang. Dort stellte man fest, dass das an sich blinde Tier dennoch auf Licht reagiert. Außer den Kiemen besitzt der Grottenolm 2 kleine funktionale Lungen und ist in puncto Atmung sehr gut ausgestattet, zumal er, wie alle Froschlurche, auch durch die Haut Sauerstoff aufnehmen kann. Der Grottenolm verfügt über die beachtliche Lebenserwartung von über 50 (einigen Berichten zufolge sogar von 100) Jahren.

Besucher der Schauhöhle Postojna (Slowenien) können Grottenolme beobachten. *Proteus* ist das einzige troglobionte Wirbeltier Europas. Sein Verbreitungsgebiet reicht von Norditalien bis in die südliche Herzegowina.

◀
In Slowenien wurde 1986 eine dunkle Variante des Grottenolms mit deutlich stärker entwickelten Augen entdeckt. Diese endemische Form besitzt noch weitere Eigenschaften, die den oberirdischen Arten ähneln. Anhand von Genanalysen weiß man, dass es sich um eine Unterart handelt, die an den unterirdischen Lebensraum nicht so stark angepasst ist und einer oberirdischen Stammform somit näher steht.

Klein, aber oho

Die Entwicklungsgeschichte der unterirdisch lebenden Tiere beginnt jedoch schon viel früher. Im Miozän (Tertiär), vor 20 Millionen Jahren, bedeckt ein Meer Mitteleuropa. Während es langsam zurückweicht, treten Pyrenäen, Zentralmassiv, Jura und Alpen an die Oberfläche. Winzige Meereskrebse stranden hier und verschwinden. Andere haben mehr Glück und können sich an das zunehmend salzärmere Wasser anpassen, indem sie zwischen die Karstfugen schlüpfen.

Auf diese Weise entstanden die einzelnen Arten von Brunnenkrebsen und Monolistrae, die zu den Flohkrebsen zählen. Man findet sie in Sinterbecken und unterirdischen Seen und Flüssen. Bei Trockenheit graben sie sich im Schlamm ein und harren dort aus, bis das rettende Wasser zurückkommt. In manchen Höhlen tauchen Brunnenkrebse je nach Wasserpegel auf und verschwinden wieder.

Unter den Höhlenkrebsen gibt es einige echte lebende Fossilien. Arten der Gattung *Gelyella* sind millimetergroße planktonische Ruderfußkrebse, die in den Karst-Aquiferen oder in dem Wasser leben, das in die Mikrospalten eindringt. Diese ebenfalls von Meerestieren aus dem Miozän abstammenden Tiere entdeckte man erst kürzlich durch Filtrieren von durch Tiefbohrungen gewonnenem Grundwasser.

In Australien konnten in Feuchtzonen unter dem Wüstenboden über Jahrmillionen hinweg primitive Mikrokrustazeen (Spelaeogriphacea) überleben, deren oberirdische Ahnen ebenfalls ausgestorben sind. Eine neue Spezies, *Mangkurtu kutjarra,* wurde erst 2003 beschrieben – die 2. ihrer Gattung und die 4. einer Ordnung, die somit nur wenige Vertreter umfasst. Hier hat man auch einen wahren Riesen unter den winzigen Besiedlern der Spalten entdeckt: eine nur 8 mm lange *Bathynella*!

Panorama der troglobionten Fauna

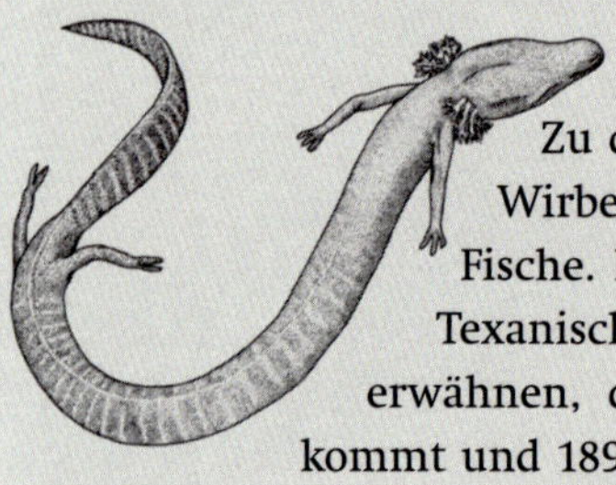

Zu den ausschließlich in Höhlen lebenden Wirbeltieren zählen einige Amphibien und Fische. Neben dem Grottenolm wäre hier der Texanische Brunnenmolch *(Eurycea rathbuni)* zu erwähnen, der in unterirdischen Gewässern vorkommt und 1895 beim Bohren eines artesischen Brunnens entdeckt wurde. Am reichhaltigsten vertreten sind jedoch die Höhlenfische, von denen allein auf dem amerikanischen Kontinent 30 Arten bekannt sind. Ihr bekanntester Vertreter ist der 1842 in der Mammoth Cave in Kentucky entdeckte Mammuthöhlen-Blindfisch *(Amblyopsis spelaeus)*, ein recht großer blinder Fisch ohne Schuppen und Pigmentierung. Im 19. Jahrhundert gedankenlos als kurioses Souvenir missbraucht, ist diese Art inzwischen selten geworden. Auch in den unterirdischen Flüssen Kubas findet man troglobionte Fische, deren Ähnlichkeit mit den im Meer lebenden Verwandten an ihr hohes Alter erinnert.

Das Gros der troglobionten Arten machen freilich die Wirbellosen aus. Die zu den Ur-Insekten zählenden Springschwänze leben am Boden oder auf dem Wasser. Im Vergleich zu ihren oberirdischen Vettern besitzen sie stark verlängerte Fühler, Beine und Springgabeln. Einige sind mit alten, von der Erdoberfläche verschwundenen Entwicklungslinien verwandt.

Troglobionte Käfer sind ebenfalls zahlreich vertreten. Die ersten der weltweit bekannten 600 ungeflügelten Arten wurden bereits in den 1850er-Jahren in Frankreich entdeckt. Höhlen- und Erdaaskäfer zeichnen sich dadurch aus, dass ihre Deckflügel miteinander verschweißt sind. Von kugeliger Gestalt, besitzen sie recht lange Antennen und ein aufgetriebenes Abdomen, das als Speicher für die Regulierung des eigenen Wasserhaushalts fungiert. Unter den Laufkäfern findet man einige endemische Arten, die sich in den letzten 20 Millionen Jahren in spezieller Weise an ihren unterirdischen Lebensraum angepasst haben und bisweilen auf ein einziges Gebirgsmassiv beschränkt sind. Dies gilt etwa für *Aphaenops* und *Hydraphaenops* in den Pyrenäen sowie für *Trichaphaenops* in den Höhlen des Jura, des Rhônetals und der Alpen. In Frankreich hat man bereits Maßnahmen ergriffen, um ein Aussterben dieser Arten zu verhindern.

Zahlreiche unterirdisch lebende Krebstiere sind troglobiont. Neben den Brunnenkrebsen gilt dies für einige Zehnfüßer, zu denen auch die amerikanischen Höhlenkrebse zählen. Sie ernähren sich vom Plankton der unterirdischen Gewässer und können sehr lange von ihren Reserven zehren. Die Ordnung der Asseln ist mit den Monolistrae und den Wasserasseln vertreten.

Die Spinnentiere werden durch mehrere Gruppen von Spinnen, Milben und Afterskorpionen repräsentiert. Letztere leben im Boden und Sediment und ernähren sich von anderen Wirbellosen. Weltweit sind 300 Arten troglobionter Afterskorpione bekannt.

Zu den zahlreich vertretenen troglobionten Weichtieren zählen etwa die in den Höhlenflüssen lebenden Schnauzenschnecken. Weitere Troglobionten findet man unter den Tausendfüßern, Strudelwürmern und Einzellern.

Texanischer Brunnenmolch

Afterskorpion

Exemplar der Familie Stenaselidae

Höhlenkäfer

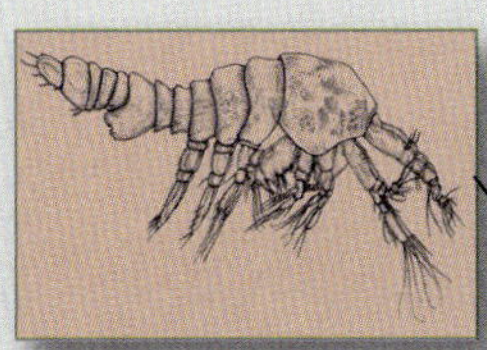

Ruderfußkrebse
Die Mikrokrustazee Gelyella monardi *wurde im Kanton Neuchâtel (Schweiz) entdeckt. Von dieser auf einen räumlich sehr begrenzten Aquifer beschränkten Art fand man nur wenige Exemplare. Die nahe verwandte Art* Gelyella droguei *ist in der Nähe von Montpellier heimisch. Ihre Meeresahnen sind längst ausgestorben, sicher während der Messinischen Krise, als das Mittelmeer vor 6 Millionen Jahren fast vollständig austrocknete.*

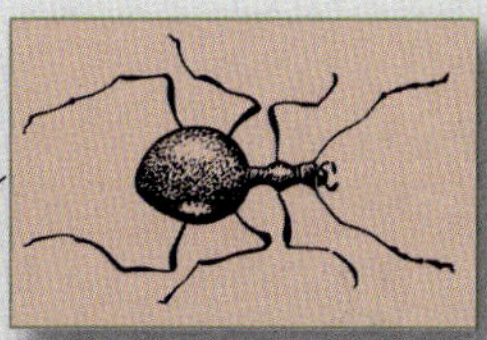

Insekten
Käfer bilden die Mehrheit der troglobionten Insekten. Manche Arten zeigen eine hoch spezialisierte Anpassung. Leptodirus *besitzt verschweißte Deckflügel, die über das Abdomen gestülpt sind und so eine Atemkammer umschließen. Das kugelförmige Abdomen reguliert den Wasserhaushalt.*

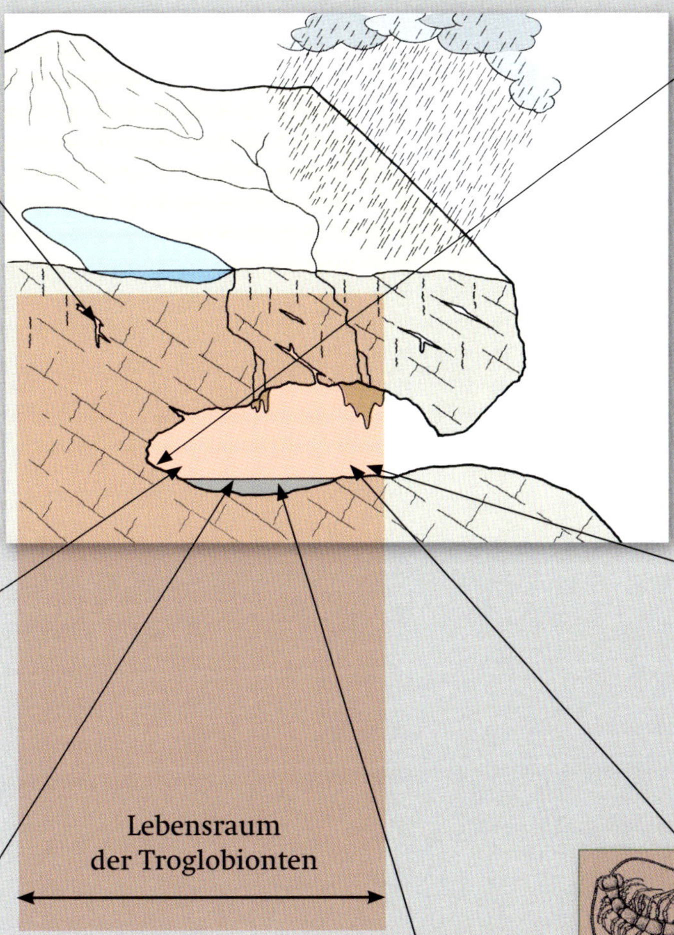

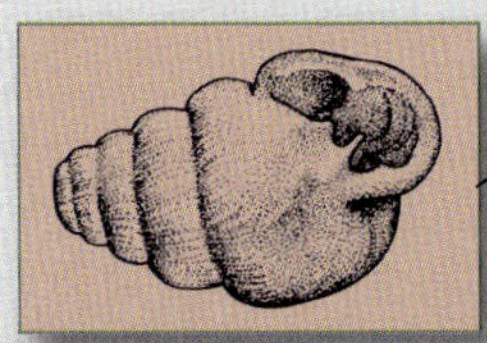

Weichtiere
Troglobionte Mollusken sind in unterirdischen Flüssen oft sehr zahlreich vertreten. Man findet sie aber auch auf festem Boden in der Spritzwasserzone rund um die Höhlensinter sowie in leicht feuchten Felsspalten.

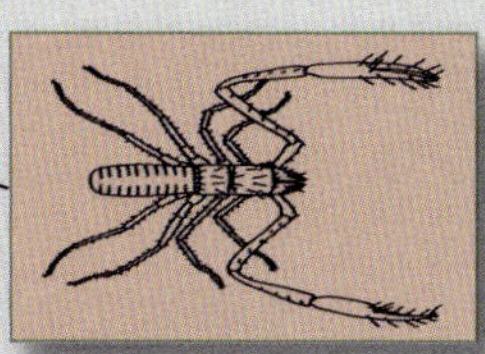

Spinnentiere
Laubstreu und Erdreich sind der Lebensraum der Afterskorpione, die sich von Abfällen und Aas ernähren. Wie bei den Käfern gibt es auch hier zahlreiche endemische Arten wie Pseudoblothrus thiebaudi, *den man nur an 2 Stellen in den Schweizer Kalkalpen findet.*

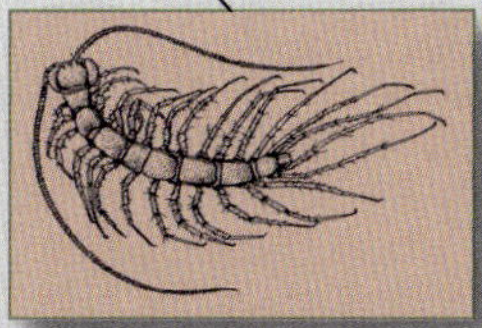

Tausendfüßer
Steinläufer sind in den spanischen und französischen Pyrenäen mit zahlreichen endemischen troglobionten Arten vertreten. Einige sind vollkommen blind, während andere Punktaugen besitzen, jedoch nur in Höhlen vorkommen.

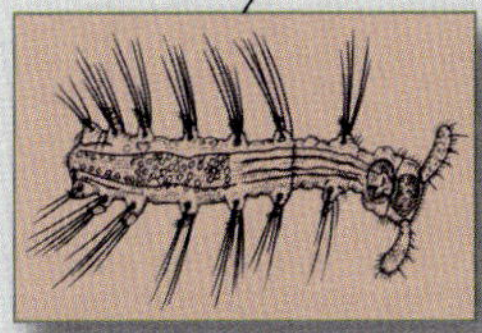

Gliederwürmer
Einige wenige Arten der sonst weitgehend im Meer lebenden Vielborster haben sich an die kontinentalen Binnengewässer angepasst. Ein Beispiel ist Troglochaetus beranecki *in der Grotte de Ver (Schweiz).*

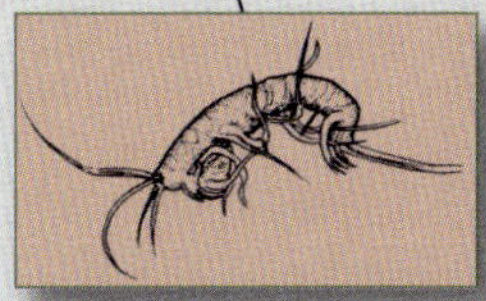

Flohkrebse
Ein weiteres Merkmal der Troglobionten ist ihr verlängertes Embryonalstadium. Das von Niphargus virei *dauert ganze 2,5 Jahre, während ein vergleichbarer Flohkrebs in einem oberirdischen Bach nur 3 Monate benötigt.*

Höhlengarnele

Springschwanz

Brunnenkrebs (Kopf)

Assel

▲ *In Höhlen begegnet man der troglophilen Spinne* Meta menardi *vor allem im Winter. Während des Sommers lebt sie eher im Freien.*

Höhlenschmetterlinge verbringen meist nur einen Teil ihres Lebenszyklus in Höhlen, da die Raupen auf Wirtspflanzen wie Schwarzdorn (Prunus spinosa) *oder Echter Kreuzdorn* (Rhamnus cathartica) *angewiesen sind.*

Überlebenskünstler

Wegen der offenbar sehr konstanten Lebensbedingungen wirkt das unterirdische Ökosystem auf den ersten Blick recht schlicht. Dennoch ist dieses System meistens nicht autark. Das Karstwasser sickert durch Karren, Dolinen oder filternde Böden ein, wenn nicht gar ganze Flüsse in Schwinden oder Schlucklöchern untertauchen – daher stammt die Hauptzufuhr an organischem Material, somit an Nahrung für die Troglobionten.

Ein endogenes Bakterium, *Parabacterium spelei*, findet man im Höhlenlehm oder in der die Wände bedeckenden Mondmilch. Überdies sind Mikroorganismen in der Lage, die in sehr großen Tiefen herrschenden hohen Temperaturen auszuhalten. Ein solch unerwartetes Leben kann im Karst unter extremen Bedingungen entstehen – nicht nur, was die Temperatur betrifft, sondern auch die chemische Zusammensetzung der Umgebung. So stieß eine amerikanisch-mexikanische Expedition 1998 in der mexikanischen Cueva de Villa Luz auf Mikroorganismen, die in einem sehr sauren Milieu leben (Bakterienschleim mit pH 0,5!). Außerdem wird diese Höhle von einer unglaublich vielfältigen troglobionten Fauna bevölkert, deren Erforschung noch nicht abgeschlossen ist.

Autotrophe Mikroorganismen, die mineralische Substanzen zu organischen Molekülen synthetisieren und in schwefelhaltigen Gewässern gefunden wurden, ermöglichen das autarke Leben einer unerwarteten unterirdischen Fauna. Diese ist tatsächlich in der Lage, in einer Atmosphäre zu überleben, die durch einen sehr geringen Sauerstoffgehalt, einen erhöhten Gehalt an Kohlendioxid und – zur Krönung des Ganzen – durch aus dem Wasser austretendes Methan charakterisiert ist. Als Nahrung dient dieser Höhlenfauna ein auf dem Wasser treibender, wenige Millimeter dicker Mikrobenfilm, erzeugt von chemosynthetischen Bakterien, die ohne Sonnenenergie auskommen, indem sie den im Wasser enthaltenen Schwefelwasserstoff oxidieren. Derartige Ökosysteme hat man in Rumänien und kürzlich auch in Italien entdeckt.

Besucher der Finsternis

Was mögen wohl Tiere, die an frische Luft gewöhnt sind, in den dunklen, feuchten Tiefen der Höhlen suchen? Meist vor allem Schutz, um dem noch strengeren Klima zu entkommen, das draußen im Winter herrscht. Höhlen bedeuten Schutz vor Frost, Wind und Schnee. Und sie bieten zahlreichen Lebewesen ein Winterquartier, darunter auch den Fledertieren als der an Arten und Individuen reichsten Ordnung der Säugetiere. Als Trogloxene schätzen sie den unterirdischen Lebensraum, der ihnen sogar zur Fortpflanzung die-

im Land der großen schwarzen Stille gibt es dennoch Leben, wenngleich im Schongang

nen kann, sind jedoch in vieler Hinsicht von der Außenwelt abhängig, vor allem in puncto Nahrung. Diese Zyklen sind indes nicht alleiniges Privileg der Fledermäuse. Eine ähnliche Lebensweise haben auch der Braunbär, einige Amphibien und selbstverständlich zahlreiche Wirbellose mit ihrer saisonalen Entwicklungsruhe. Manche begnügen sich damit, im Eingangsbereich der Höhle für kurze Zeit Schutz zu suchen.

Anderen Arten wiederum gefällt es so gut in den Höhlen, dass sie sich hier mehr oder weniger dauerhaft niederlassen, obwohl sie auch im Freien leben könnten. Dies trifft etwa auf jene Fauna zu, die im Guano der Fledermäuse oder Vögel lebt. Die Höhle sorgt für den Bestand des Lebensraums dieser Troglophilen, der draußen durch Wind und Wasser rasch vernichtet würde.

Ohne Höhle geht es nicht

Unsere kleinen europäischen Fledermäuse gehören zur Ordnung der Fledertiere. In Europa leben rund 30 Arten, im Tropengürtel der Alten und Neuen Welt jedoch mehrere Hundert. Weltweit summiert sich dies auf gut 900 verschiedene Arten. Bei Fledermäusen sind die Finger stark verlängert (ausgenommen der Krallendaumen), um die Flugmembran, eine dünne, gut durchblutete Hautschicht, zu spannen.

Sämtliche Spezies der Holarktis, also der nördlichen Halbkugel mit Ausnahme der Tropen, ernähren sich von Gliederfüßern, vor allem von Insekten. Im Sommer sind sie weitgehend nachtaktiv. Den Tag verbringen sie mit Ausruhen oder Aktivitäten in den Brutquartieren. Zahlreiche Arten brüten im Gebälk von Hausdächern, in Baumhöhlen oder manchmal auch in Nistkästen. Andere wiederum suchen Schutz in Höhlen oder

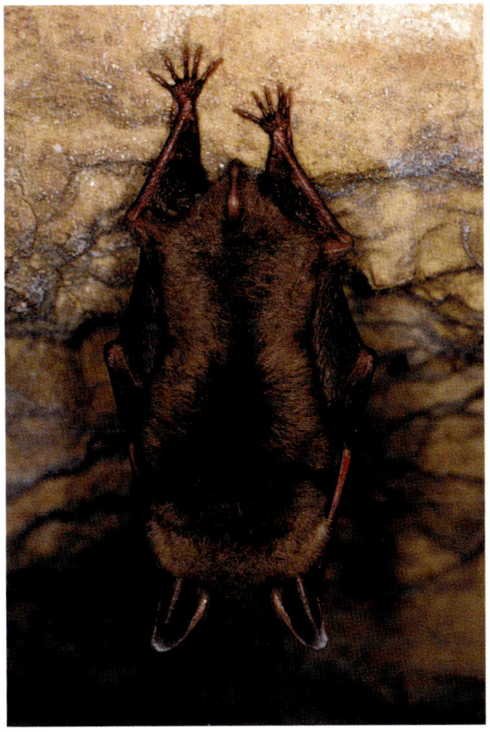

◄ *Großes Mausohr (links) und Große Hufeisennase beim Winterschlaf.*

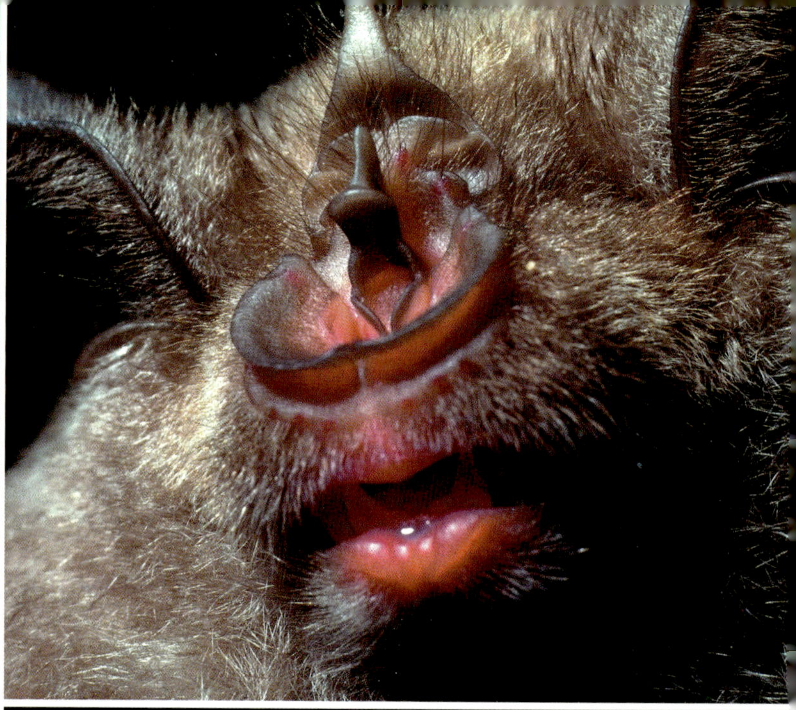
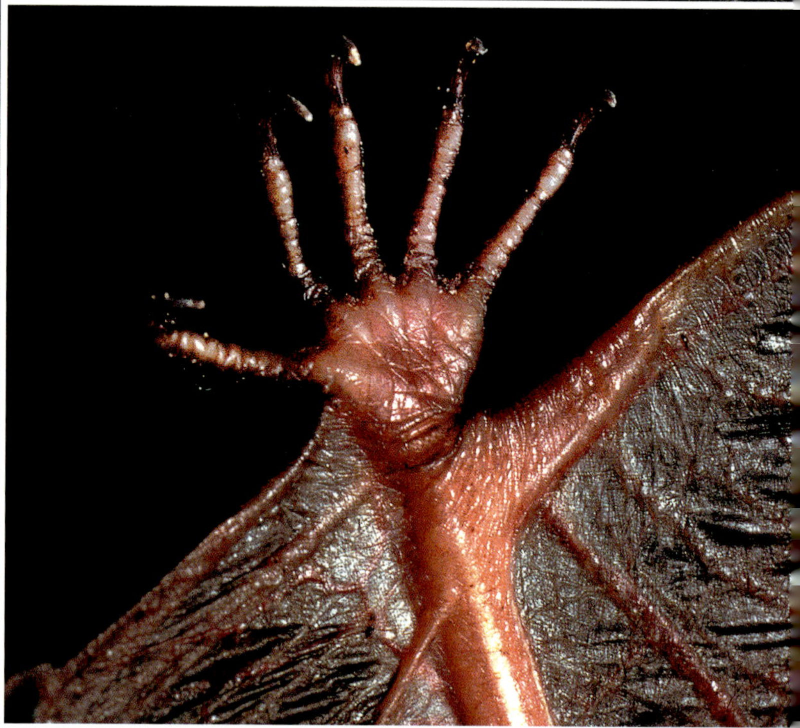
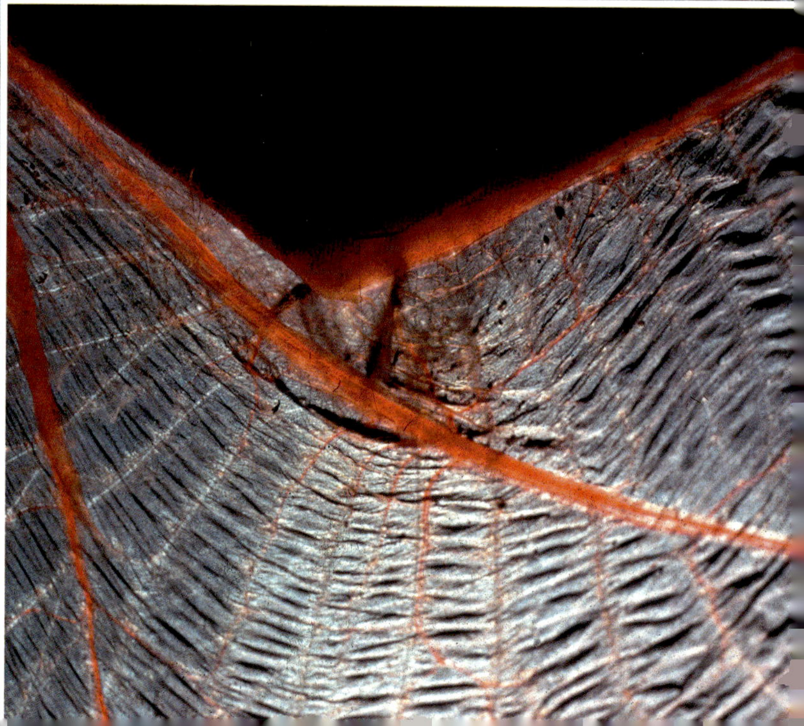

Links: Das Braune Langohr (Plecotus auritus) *gilt als langsamer, doch ungemein wendiger Flieger und ist daher in der Lage, durch enge Korridore oder senkrechte Schächte in Höhlen vorzudringen, die für andere Spezies unzugänglich sein dürften.*

Überraschende Begegnung mit einer Geißelspinne in einer brasilianischen Höhle. Rund 100 verschiedene Arten sind aus den Höhlen Zentral- und Südamerikas bekannt. Das 1. Beinpaar ist zu einer bis 30 cm langen Fühlergeißel verlängert. Auch die Scheren sind beeindruckend ...

Nahaufnahmen von Kopf, Hinterbein und Flughaut der Großen Hufeisennase (Rhinolophus ferrumequinum).

Stollen. Alle Fledermäuse halten Winterschlaf, meist in Höhlen oder Felsspalten. Von Oktober bis März fallen Fledermäuse in eine tiefe Lethargie, die durch eine Verlangsamung der Lebensfunktionen gekennzeichnet ist. Ihre Herzfrequenz sinkt von rund 500 auf 5 Schläge pro Minute. Um die feine Flughaut nicht zu verletzen, sind sie auf Orte angewiesen, die Schutz vor Frost und Austrocknung bieten. Daher haben sie seit jeher die Höhlen bevölkert – mit ihrer feuchten Kühle ein unersetzlicher Lebensraum –, um diesen Teil ihres Jahreszyklus zu überbrücken.

Anhand der Intensität ihres Höhlenlebens lassen sich 2 Gruppen von Fledertieren grob unterscheiden. Die erste umfasst die wirklichen Höhlenbewohner, die zwar Trogloxene sind, doch in Höhlen überwintern und sich in Regionen mit ausreichend hoher Durchschnittstemperatur dort im Sommer sogar fortpflanzen können. Die zweite Gruppe besteht aus jenen Arten, die man nicht in tiefen Höhlensystemen antrifft, im Winter wohl aber in Spalten und Fugen meist in der Nähe der Höhleneingänge.

Obwohl Fledermäuse bereits seit sehr langer Zeit in Höhlen leben, wurde ihr Bestand vermutlich ab dem Neolithikum durch neue Wohnquartiere in Form menschlicher Behausungen begünstigt. Manche Arten konnten ihr Verbreitungsgebiet nach Norden ausweiten, indem sie Scheunen als Kinderstube nutzten. Seit den 1950er-Jahren ist der Fledermausbestand in Europa allerdings rückläufig. Hauptgründe sind veränderte landwirtschaftliche Praktiken, Einsatz von Pestiziden, Verödung der Landschaft und weniger Siedlungsmöglichkeiten aufgrund von Abriss und Modernisierung alter Gebäude. Negative Folgen hatte bisweilen auch der Aufenthalt des Menschen in den Höhlen, sei es durch Blockieren von Eingängen oder exzessive Störung. Inzwischen aber haben die Höhlenforscher die Empfindlichkeit dieser Tiere erkannt und handeln entsprechend. In der Schauhöhle Réclère im Schweizer Jura überwintern sogar gut 1000 Fledermäuse ganz ungestört, da in dieser Jahreszeit weniger Touristen kommen.

Panorama der troglophilen und trogloxenen Fauna

Zu den troglophilen Wirbeltieren zählen die in Nordamerika und Europa (Italien und Südfrankreich) heimischen Schleuderzungen-Salamander. Ihr gemeinsamer Ursprung reicht zurück ins ausgehende Perm, als die heutigen Kontinente noch als Urkontinent Pangäa vereinigt waren, bevor dieser im Mesozoikum (vor 230–65 Millionen Jahren) im Zuge der Kontinentaldrift auseinanderbrach und der Atlantik entstand. Diese Froschlurche durchliefen auf dem amerikanischen und dem europäischen Kontinent eine parallele Evolution.

Außerdem sind zahlreiche troglophile Wirbellose bekannt. Die im Guano der Fledermäuse lebenden Springschwänze sind mit mehreren Arten vertreten. Viele Zweiflügler suchen vor allem zum Überwintern Zuflucht in Höhlen und fliegen mitunter in ganzen Schwärmen vor dem Höhlenforscher davon.

Spinnen profitieren vom Interesse der Insekten für den Eingangsbereich der Höhlen. In großer Zahl lauern sie hier auf die von der Kälte erfasste leichte Beute. Die Spinne *Meta menardi* aus der Familie der Argiopiden webt kein Netz, sondern bedeckt die Wände mit Seidenfäden, um vorbeikommende Insekten zu erbeuten. Außerdem spinnt sie seidene Kokons, in die sie ihre Eier ablegt.

Einige Weichtiere sind ebenfalls reine Höhlenbewohner, etwa die Schnecke *Oxychilus cellarius*, die zum Fleischfresser wurde, um in der pflanzenlosen Welt unter der Erde zu überleben.

Zu den in Höhlen lebenden Wirbeltieren gehören zahlreiche trogloxene Arten. Außer Fledermäusen kann man in Höhlen auch Landsäugern wie Dachs oder Siebenschläfer begegnen, darüber hinaus Vögeln, Froschlurchen und Reptilien. Der Fettschwalm *(Steatornis caripensis)* zeigt eine ausgeprägte Anpassung an das Höhlenleben. Dieser große braunrote Vogel mit dem Aussehen eines Greifvogels ernährt sich von Früchten und nistet in den Höhlen der amerikanischen Tropen. Während der nächtlichen Nahrungssuche kann er durchaus einige Hundert Kilometer zurücklegen. In völliger Dunkelheit lebend, hat der von den Einheimischen als Guacharo bezeichnete Vogel ein System entwickelt, das mit der Echopeilung der Fledermäuse vergleichbar ist: Er stößt Schreie in verschiedenen Frequenzen aus und schließt anhand des Echos auf die Position der Höhlenwände und Hindernisse. Die Salanganen, von denen einige Arten sich ebenfalls der Echolotung bedienen, zählen zur Familie der Segler und sind daher mit unserem Mauersegler verwandt. In manchen asiatischen Höhlen bauen sie Nester aus Speichel, Algen, Moos und Federn – die in der chinesischen und südostasiatischen Küche sehr geschätzten Schwalbennester. Salanganenkolonien können aus Zehntausenden von Individuen bestehen.

Zweiflügler

Schmetterling

Kanker (Weberknechte)

Kanker bei der Häutung

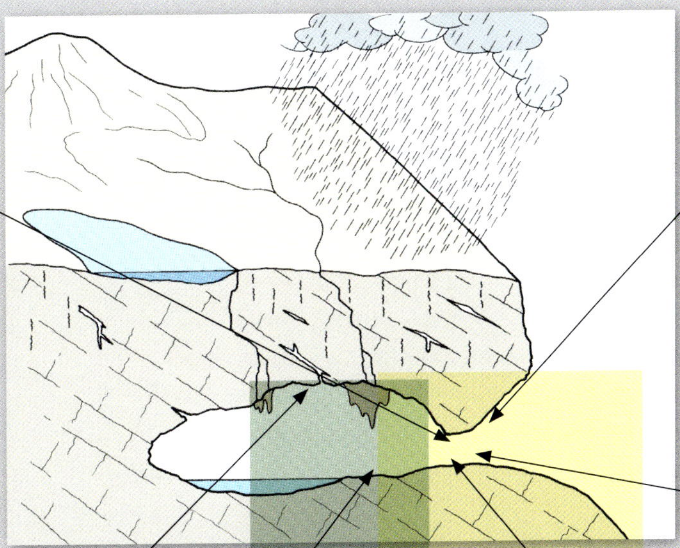

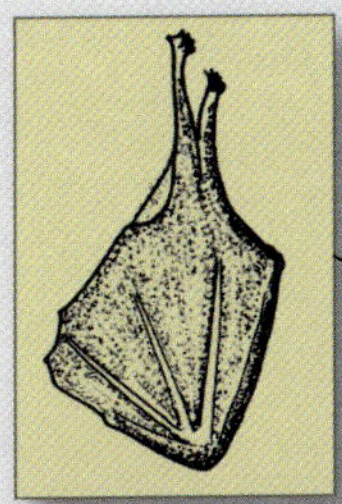

Fledertiere
Überwinternde Hufeisennasen erkennt man auf den ersten Blick, da sie sich mit den Flughäuten kugelförmig einhüllen, sodass nur die Schnauze herausschaut. Die meisten Fledermäuse überwintern einzeln, nur einige Arten in Kolonien.

Vögel
Der Fettschwalm ist eine jener Vogelarten, die ein ähnliches System der Echopeilung entwickelt haben wie die Fledermäuse. Auf das von den Wänden zurückgeworfene Echo seiner Schreie reagierend, vermag sich der Fettschwalm in völliger Dunkelheit zu orientieren.

Insekten
Trogloxene Schmetterlinge findet man vor allem im Eingangsbereich von Höhlen. Vor Kälte erstarrt, fallen sie nicht nur Spinnen, sondern auch der Glanzschnecke Oxychilus zum Opfer.

Spinnentiere
Die Höhleneingänge werden von zahlreichen Spinnen bevölkert. Sie erbeuten Schmetterlinge, Zweiflügler und andere Insekten, die dort in großer Zahl Zuflucht nehmen. Schon nach ein paar Dutzend Metern begegnet man allerdings keinen Spinnen mehr.

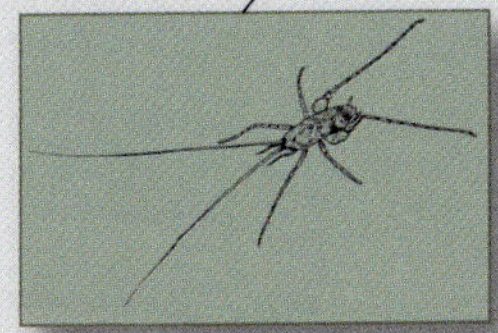

Insekten
Höhlenschrecken sind ungeflügelte troglophile Heuschrecken mit Fühlern, die 5-mal länger sind als der Körper. Nachts gehen sie im Freien auf Nahrungssuche.

Froschlurche
Grasfrosch, Erdkröte und Bergmolch sind Froschlurche, denen man oft in Höhlen begegnet. Auf der Suche nach einem Winterquartier dringen sie selbst in Höhlen vor oder fallen durch Felsspalten hinein.

Schnecke

Geradflügler

Gecko

Spinne

Beinhäuser ausgestorbener Arten

Michel Blant

Vor Unwettern geschützt, bietet die unterirdische Welt eine hervorragende Möglichkeit, alle Arten von organischen Resten wie Knochen, Guano, Myzel etc. mehr oder weniger lange zu konservieren. Besonders spektakulär sind natürlich Knochen, denn ein Skelett kann hier Jahrtausende nahezu unversehrt überdauern.

Höhlen bergen paläontologisch und archäologisch überaus interessante Ablagerungen. Sie haben ganze Klimaperioden unbeschadet überstanden, die entsprechende Relikte im Freien zerstört hätten.

Archive der Zeit

Dass man in Höhlen auf Knochen stößt, verdankt sich in erster Linie der von ihnen bereitgestellten Geborgenheit – sei es für den Winterschlaf der Fledermäuse, als Winterquartier des Bären, Jagdrevier der Fleischfresser oder Refugium des Menschen. Der zweite Grund liegt darin, dass die nach oben hin offenen Schächte eine natürliche Falle darstellen. Bisweilen deuten die gefundenen Reste auch auf eine Nutzung als Nist- oder Aufzuchtstätte (Greifvögel, Fledermäuse) oder aber als Müllgrube hin, in der Abfälle und Kadaver landeten.

Oft liegen die Knochen auf dem Boden der Gänge verstreut. Sie können aber auch in Sedimentschichten eingebettet sein oder unter Versturzblöcken liegen. Oder sie wurden von unterirdischen Gerinnen mitgerissen, um sich in Engstellen oder Felsspalten anzusammeln. Dort blieben sie über Jahrtausende hinweg vor Umwelt- oder Klimaveränderungen geschützt und bilden somit ein hervorragendes zoologisches Archiv.

Paläontologen können in Höhlen viele hochinteressante Informationen gewinnen. Archäozoologen finden hier Belege für alte Rassen oder Varie-

▸ *Am Höhlenboden findet man häufig die Skelette von Fledermäusen, die während des Winterschlafs starben. Manche Höhlen bergen größere, vom Fließwasser angeschwemmte Knochenansammlungen.*

Wer die Höhlenwände sorgfältig absucht, entdeckt bisweilen überraschende Relikte wie diesen versteinerten Panzer einer Meeresschildkröte (Gouffre des Marmottes, Schweiz).

täten von Nutztieren. Zoologen erhalten Daten über die einstige Verbreitung oder das Verhalten bestimmter Tiere, vor allem ausgestorbener Arten wie dem Höhlenbär *(Ursus spelaeus)*. Paläoklimatologen verknüpfen die Anwesenheit bestimmter Arten mit den jeweiligen Kalt- oder Warmzeiten und gelangen durch Radiokarbon-Datierung zu einer Chronologie der Ereignisse.

Wie alt bist du?

Knochen enthalten die organische Knochensubstanz Kollagen sowie anorganische mineralische Salze. Zu Lebzeiten speichern die Knochen eine bestimmte Menge Kohlenstoff C14, ein radioaktives Isotop, das mit dem dominanten, stabilen C12 im Gleichgewicht steht.

Beim Tod endet dieser Prozess, und der Anteil von C14 (Radiokarbon) geht durch Zerfall zurück, bei einer Halbwertszeit von 5570 Jahren. Gemessen wird nun die noch vorhandene Radioaktivität einer Probe: Wenn sie die Hälfte des Ausgangswerts beträgt, hat die Probe ein Alter von 5570 Jahren; ein Viertel entspricht 11 140 Jahren, ein Achtel 16 710 Jahren etc. Da die Ausgangswerte von der Sonnenaktivität abhängen, waren sie freilich nicht immer gleich, weshalb zunächst eine Eichung erfolgen muss.

Dieses Verfahren gestattet die präzise Datierung von Knochen aus dem Holozän, das vor 10 000 Jahren begann und bis heute fortdauert, sowie aus dem vorangehenden Pleistozän.

Die Schachthöhle als Falle: vom Absturz zur Entdeckung

❶

❷

Offene Schächte stellen eine gefährliche Tierfalle dar, insbesondere dann, wenn sie unter einer Schneedecke liegen (1). Die Knochen der hineingestürzten Tiere werden über Jahrtausende hinweg im Sediment angehäuft. In manchen Fällen können sie auch in das darunter liegende Karstsystem geschwemmt werden (2). In den Gebirgsregionen Mitteleuropas zählte der Elch (Alces alces) *zu den häufigen Unfallopfern. Anhand von Knochenfunden weiß man heute, dass der Elch in abgelegenen Sumpfregionen noch bis in die nachrömische Zeit heimisch war.*

▶ *Wollnashorn* (Coelodonta antiquitatis)

◀ *Rentier* (Rangifer tarandus)

▼ *In die Höhlendecke eingebetteter Unterkiefer eines Höhlenbären (Krizna Jama, Slowenien) und Schädel der gleichen Spezies am Boden der Grotte Chauvet (Ardèche, Frankreich).*

Jenseits von rund 50 000 Jahren ist die Radiokarbon-Datierung nicht mehr zuverlässig, weshalb man auf die Isotope anderer Elemente zurückgreift.

Die Zeitmaschine

Dank ihrer ausgezeichneten unterirdischen Konservierung gestatten in Höhlen gefundene Knochen eine Rekonstruktion der einstigen Tierwelt. In vielen zur Falle gewordenen Schachthöhlen haben sich über Zehntausende von Jahren hinweg die Reste von Tieren angesammelt. Die die Höhle füllenden sukzessiven Schichten enthalten somit jeweils solche Arten, die zur gleichen Zeit gelebt haben. Außerdem ermöglichen diese noch durch Pollen und Pflanzenreste bereicherten Archive eine Rekonstruktion des jeweiligen Biotops und Klimas.

Für Mitteleuropa gewann man auf diese Weise eine Vorstellung von der Fauna der Kalt- und Warmzeiten des Pleistozän (–1,8 Millionen Jahre bis –10 000 Jahre), einer Epoche, die durch mehrere größere Eiszeiten gekennzeichnet ist, die von milderen Perioden, den Interglazialen, unterbrochen wurden. Während der Eiszeiten lebten außer dem Mammut noch Moschusochse, Wollnashorn, Rentier, Saiga und Polarfuchs. Kleinere Säuger wie der Steppenlemming waren ebenfalls anzutreffen. Ihre Knochen findet man beim Durchsieben in einzelnen Schichten von Höhlensedimenten. All diese Arten lebten in einer Tundralandschaft, deren Klima dem heutigen Klima der arktischen Regionen entsprach.

Für die gemäßigten Interglaziale findet man Höhlenbär, Braunbär, Wolf, Luchs, Vielfraß, Elch, Rothirsch und Riesenhirsch *(Megaceros)*. Diese Arten zeugen von der Existenz großer Waldflächen. Höhlenlöwe, Höhlenhyäne, Wisent, Wildpferd und Auerochse unterstreichen indes, dass es zur gleichen Zeit auch eine offenere, steppenartige Landschaft gab.

Während der Interglaziale, in denen es übrigens wärmer war als heute, lebten Waldelefant, Flusspferd, Mercknashorn, Reh und Damhirsch in Mit-

Höhlenlöwe
(Panthera spelaea)

Höhlenhyäne
(Crocuta crocuta spelaea)

teleuropa. Das feucht-warme Klima ließ tropische Wälder mit dichtem Laubbaumbestand und weite Sümpfe entstehen. Zu Beginn der Würm-Eiszeit vor 110 000 Jahren starben diese weniger kälteresistenten Arten aus oder nahmen Zuflucht im Mittelmeerraum. Andere weniger klimaempfindliche Arten, hauptsächlich Fleischfresser, haben mehrere nachfolgende Perioden überdauert.

Anhand des Höhlenlöwen *(Panthera spelaea)* lässt sich die Problematik von prähistorischen Rekonstruktionen veranschaulichen. Aufgrund seiner von den Neandertalern geschaffenen Darstellung in Felsbildern stellte man ihn sich zunächst als nahen Verwandten des heutigen die Savanne durchstreifenden Löwen vor und sah ihn als Unterart *(Panthera leo spelaea)* an. Da sein Lebensraum jedoch ein ganz anderer war, müsste er eher wie ein Tiger gejagt und auch diesem geähnelt haben *(Panthera tigris spelaea)*. Manche Wissenschaftler ziehen es dennoch vor, ihn als hinreichend abgegrenzte Art einzuordnen und daher am wissenschaftlichen Namen *Panthera spelaea* festzuhalten.

Auch die Karstmassive außerhalb Europas hielten zahlreiche hochinteressante paläontologische Entdeckungen bereit. Erwähnt seien die pleistozäne Fauna Sibiriens (wo man auch Bilderhöhlen fand), die fossile Neuweltfauna der Vereinigten Staaten, in der auch das Mammut vorkommt, die Fauna Südostasiens mit Relikten von Menschen und Tieren sowie die Tierwelt Australiens mit ihren inzwischen ausgestorbenen Großsäugern. Australien besitzt mit Naracoorte und Riversleigh 2 paläontologische Fundstätten, die von der UNESCO als

Dieses 19 000 Jahre alte Skelett eines Großen Panda (Ailuropoda melanoleuca) *wurde 2001 in einer Karstregion im Norden der chinesischen Provinz Yünnan entdeckt. Der Fund beweist, dass diese Art früher in einer Gegend heimisch war, in der sie heute nicht mehr vorkommt.*

▶
Riesenhirsch
(Megaceros)

◀
Höhlenbär
(Ursus spelaeus)

Welterbe ausgewiesen wurden. In einer Höhle im Norden der chinesischen Provinz Yünnan fand man 2001 ein 19 000 Jahre altes Skelett des Großen Panda *(Ailuropoda melanoleuca,* siehe auch S. 235), das von dem einst viel größeren Verbreitungsgebiet der Spezies zeugt.

Beredte Bärenknochen

Unter den Knochen, die man in Höhlen findet, verkörpern die des Höhlenbären einen wahren Schatz für die Paläontologen. *Ursus spelaeus* ist im letzten Hochglazial des Würm ausgestorben, somit vor rund 18 000 Jahren. Zusammen mit seinem Vorgänger, dem Deningerbär *(U. deningeri)*, vertritt er eine parallele Entwicklungslinie zu der unserer heutigen Bären (Braunbär *U. arctos arctos,* Grizzly *U. arctos horribilis* etc.), deren gemeinsamer Vorfahre *(U. etruscus)* vor rund 1,5 Millionen Jahren lebte. Wie sein Name bereits andeutet, war der ausschließlich in Europa verbreitete Höhlenbär viel enger an die unterirdische Lebenswelt gebunden als seine Verwandten. Wie sie verbrachte auch er die schöne Jahreszeit im Wald, der ihm – einem Pflanzenfresser – Nahrung bot. Um in einer Art Halbschlaf zu überwintern, suchte er jedoch regelmäßig eine Höhle auf, während andere Bären diese Art von Refugium nur gelegentlich nutzen. In einigen europäischen Höhlen fand man die Reste Tausender Individuen, die diese Orte bisweilen über Dutzende von Jahrtausenden hinweg frequentiert haben. Am bekanntesten sind die Zoolithenhöhle in Bayern, in der die Spezies 1771 von J.F. Esper entdeckt und 1794 von Rosenmüller beschrieben worden war, die Drachenhöhle in der Steiermark (über 30 000 Skelette!), die Conturineshöhle in Südtirol und die Sulzfluhhöhlen im Kanton Graubünden. Nicht zu vergessen La Balme à Collomb in La Chartreuse (Frankreich) mit einem 3000 m² großen Knochenlager und das zugehörige Höhlenbär-Museum in Entremont-le-Vieux (Savoyen). Die Fundstätten befinden sich in bis zu 2800 m Höhe, wobei die höchstgelegenen wohl während der klimatisch günstigsten Interstadiale bewohnt waren. Die Baumgrenze lag damals mit Sicherheit höher als heute.

▼
Zahlreiche in der Geröllhalde des Bärenlochs (Schweiz) gefundene Knochenreste belegen, dass der Höhlenbär bereits vor den letzten Kaltzeiten hier lebte.

Wie beim Braunbär fiel die Überwinterungsperiode auch beim Höhlenbär mit der Geburt der Jungen zusammen. Im Knochenmaterial findet man entsprechend häufig auch Milchzähne oder, wie in La Balme à Collomb geschehen, sogar ein vollständiges Jungbärenskelett. Die dortige Galerie des Ours enthielt auch Skelette ausgewachsener Tiere. Insgesamt nicht weniger als 12 000 Knochen oder Fragmente wurden geborgen. Inzwischen weiß man, dass die Höhle wenigstens 21 000 Jahre lang von Bären genutzt wurde, vor 45 000 bis vor 24 000 Jahren.

Kürzlich hat man eine in den Voralpen des Kantons Fribourg gelegene Stätte mit zahlreichen dem Höhlenbär zugeschriebenen Knochenresten ausgewertet. Diese Bärenlochhöhle barg 2 nahezu vollständige Skelette sowie Tausende von Knochenfragmenten. Am außergewöhnlichsten war jedoch, dass man in der Geröllhalde unterhalb der Felswand mit der Höhle noch zahlreichere Fragmente fand, und zwar schon ab einer Tiefe von 20 cm und in einer mehrere Meter mächtigen Schicht! In den Jahren 2002–2004 durchgeführte Grabungen förderten die Reste von Bären beider Geschlechter und sämtlicher Altersstufen zutage, die hier vor 34 000 bis vor 24 000 Jahren lebten. In der Höhle, am Boden eines rund 15 m tiefen Schachts, fand man neben den Knochen von Bären übrigens auch die eines Wolfs, der vor 40 000 Jahren dort hineingestürzt war.

Warum der Höhlenbär kurz nach dem Höhepunkt der Würm-Eiszeit ausstarb, bleibt weiter-

▸
Auerochse oder Ur
(Bos primigenius)

◂
Mammut
(Mammuthus primigenius)

hin rätselhaft. Prähistorische Jäger verantwortlich zu machen, erscheint wenig realistisch, wenngleich sie vielleicht einen lokalen Einfluss ausübten. Wahrscheinlich führten Veränderungen der Umwelt, des Biotops und sicher auch der Nahrungsquellen zur vermehrten Belastung einer im ausgehenden Hochglazial womöglich bereits gefährdeten Population. Diese Annahme wird durch die schlichte Tatsache gestützt, dass auch andere Spezies wie Höhlenlöwe, Wollnashorn und Riesenhirsch bei gleichen Klimabedingungen ebenfalls ausgestorben sind. Auch nimmt man an, dass die rein pflanzliche Nahrung vielleicht nicht immer die notwendigen Kalorien bereitstellte, um in dieser Kaltzeit zu überleben. Im Verein mit dem zunehmenden Jagddruck des Menschen haben diese einzelnen Faktoren dem Höhlenbär wohl einfach nicht genug Zeit gelassen, sich allmählich an die neuen Bedingungen anzupassen.

Doch Knochen sind nicht die einzigen Spuren, die der Höhlenbär hinterlassen hat. In das Bodensediment mancher Korridore scharrte er Mulden, um sich dort zur Winterruhe auszustrecken. Durch wiederholtes Passieren mancher Engstellen hat er das Gestein der Wände und Decken bisweilen geglättet und poliert. Vielleicht war dies eine beliebte Kratzstelle. Und manche Wände tragen sichtbare Kratzspuren, da die Bären wie die Katzen darauf angewiesen sind, sich die Krallen zu schärfen. Bären, die in einen Schacht gestürzt waren, haben bei ihrem verzweifelten Versuch, ins Freie zu gelangen, mitunter tiefe Kratzspuren in den Wänden hinterlassen. In seltenen Fällen findet man auch Trittsiegel im gehärteten Ton. Diese verschiedenen Zeichen ihrer Anwesenheit gehen selbstverständlich oft mit Knochenresten einher und sind etwa in der Grotte Chauvet (Ardèche, Frankreich) zahlreich vorhanden.

▴
Fußabdruck im Lehm (Grotte Chauvet, Frankreich) und Schlafmulde (Höhle in den Schweizer Voralpen) zeugen von der einstigen Anwesenheit des Höhlenbären.

Auch der Höhlenbär hat den prähistorischen Menschen inspiriert, ihn zu verewigen. In Wandgemälden taucht er jedoch seltener auf als andere Tiere, was daran liegen mag, dass er kaum oder gar nicht bejagt wurde. Die Entdeckung von scheinbar auf einer Steinunterlage arrangierten Bärenschädeln führte zur Annahme eines Bärenkults, die sich inzwischen jedoch als irrig erwiesen hat.

10 cm

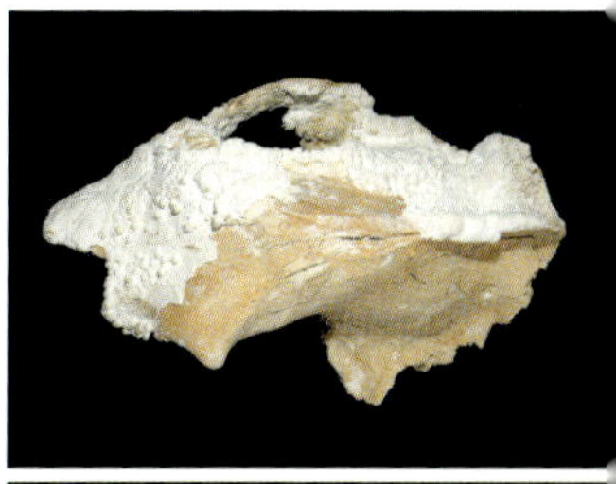

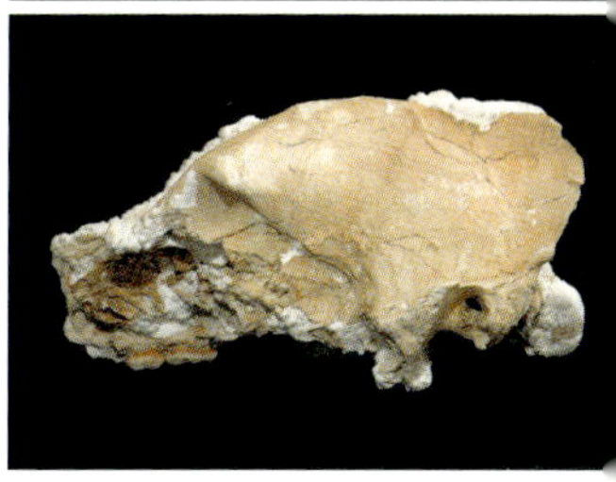

▲ *Der in der Bärenlochhöhle gefundene Schädel (auf der linken Seite in situ abgelichtet) nach erfolgter Bergung.*

◀ *Stark versinterter Schädel eines Höhlenbären, fotografiert kurz nach seiner Entdeckung in der Bärenlochhöhle (Schweiz) in 50 m Tiefe. Mit einem Alter von 24 000 Jahren stammt er aus der Anfangsphase des letzten Würm-Stadials.*

Zweibeinige Jäger

Höhlen und Felsüberhänge dienten dem prähistorischen Menschen vor allem während der Jagd sehr häufig als Zufluchtsstätte. Während der Jagdstreifzüge konnte man hier ein vor Wind und Wetter geschütztes Lager errichten. Hier fertigte man Werkzeuge und Waffen, zerlegte das Wild und verzehrte einen Teil davon rund um die Feuerstelle sitzend, sodass sich die Knochen der bejagten Tiere gelegentlich über mehrere Besiedlungen hinweg ansammelten. Heute gewinnen wir daraus Informationen über die jeweils bevorzugten Beutetiere und ihren damaligen Bestand.

▶ *Eingangsbereich des Wildenmannlislochs, wo jagende Neandertaler im Paläolithikum Rast machten.*

▶ *Unter einem natürlichen Felsüberhang freigelegte Knochenfragmente aus dem Mesolithikum (Château d'Oex, Schweiz).*

◀ *Das in der Bärenlochhöhle entdeckte Skelett eines Höhlenbären ruhte mehr als 26 000 Jahre unverändert in dieser Lage.*

In dieser Weise dienten zahlreiche in den Gebirgsmassiven (vor allem Alpen und Jura) gelegene Höhlen den Jägern als Schlupfwinkel. An mehreren Orten, vor allem im Rhônetal oberhalb des Genfer Sees, fand man Spuren einer Besiedlung im mittleren Würm (–60 000 bis –28 000 Jahre). Die hier entdeckten, mit Moustérien-Werkzeugen vermischten Knochen von Hirsch, Reh, Gämse, Steinbock und Rind (Wisent oder Ur) zeugen von einer Jagd in den Wäldern und Bergen. In der Grotte de Cotencher (Neuenburger Jura, Schweiz) hat man einen sehr vielfältigen Faunenkomplex zutage gefördert, mit rund 70 Arten der kalten Ebenen (Mammut, Nashorn), der Berge (Steinbock, Murmeltier, Alpendohle), der Wälder (Rothirsch, Luchs) und der kontinentalen Steppen (Wisent, Hamster).

Im ausgehenden Würm (Würm IV, vor 18 000 bis vor 10 000 Jahren) sah sich der Mensch genötigt, erneut in Höhlen Schutz zu suchen. Die Menschen des Magdalénien richteten sich häuslich ein, und in verschiedenen Höhlen oder Abris fand man die Reste von Tieren der Kaltsteppen. Am Ende sind diese freilich entweder wie das Mammut vor rund 12 000 Jahren ausgestorben oder gen Norden abgewandert. Die auch im Mesolithikum genutzten Höhlen bergen Überreste von Waldtieren wie Rothirsch und Wildschwein. Deren Heimat waren die weitgehend im Präboreal (9700 v.Chr.) entstandenen Nadelwälder und seit dem 6900 v.Chr. beginnenden wärmeren Atlantikum die Eichen- und Buchenwälder.

Um 6000 v.Chr. begannen die Mitteleuropa bevölkernden menschlichen Gemeinschaften sesshaft zu werden. Mit der Entwicklung von Ackerbau und Viehzucht wurden die Höhlen als Schutzraum der Jäger zunehmend entbehrlich.

Im Jura wurde eine 200 m tiefe Schachthöhle über 10 000 Jahre hinweg zur Bärenfalle

In einer Schachthöhle im Schweizer Jura fand man in unterschiedlichen Tiefen insgesamt 16 Skelette des Braunbären *(Ursus arctos)*. Auf einen leicht abschüssigen, nur wenige Meter langen Korridor folgen mehrere Schächte, die in eine Tiefe von 229 m hinabführen. Das oberste Skelett lag rund 30 m vom Eingang entfernt am Grund eines 13 m tiefen Schachts, das unterste hingegen in einer Tiefe von 170 m.

Während die Bären bis zu 25 m tief in die einzelnen Schächte stürzten, erlitten sie zahlreiche Frakturen, die aber nicht unbedingt den sofortigen Tod zur Folge hatten. Manche Bären haben den tiefen Sturz womöglich dank ihrer Reserven an Winterfett überlebt, zumal bei manchen Funden nachgewachsenes Knochengewebe festgestellt wurde, was als Zeichen eines Heilungsprozesses gilt. Im Schacht gab es keine Hoffnung mehr, nach oben ins Freie zu gelangen, sodass die noch einmal davongekommenen Bären weiter unten – vergeblich – nach einem Ausgang suchten. Um zu überleben, haben manche von ihnen die Knochen ihrer unglücklichen Vorgänger angenagt.

Datierungen ergaben, dass sich diese tragischen Unfälle über einen Zeitraum von 10 000 Jahren ereignet haben (vor rund 13 500 bis vor 3500 Jahren). Da einige der Skelette von Jungbären und adulten Bärinnen stammen, haben die Bären womöglich im Höhleneingang überwintert. Denkbar ist, dass die im Winter geborenen Bärenkinder in den ersten Schacht stürzten und ihre Mutter bei dem verzweifelten Versuch, ihnen zu Hilfe zu kommen, in einer ebenso ausweglosen Lage endete.

Indem sie den Höhleneingang freilegten, gelangten Speläologen zu diesem Friedhof der Braunbären mit seiner mehr als 13 000 Jahre alten traurigen Geschichte.

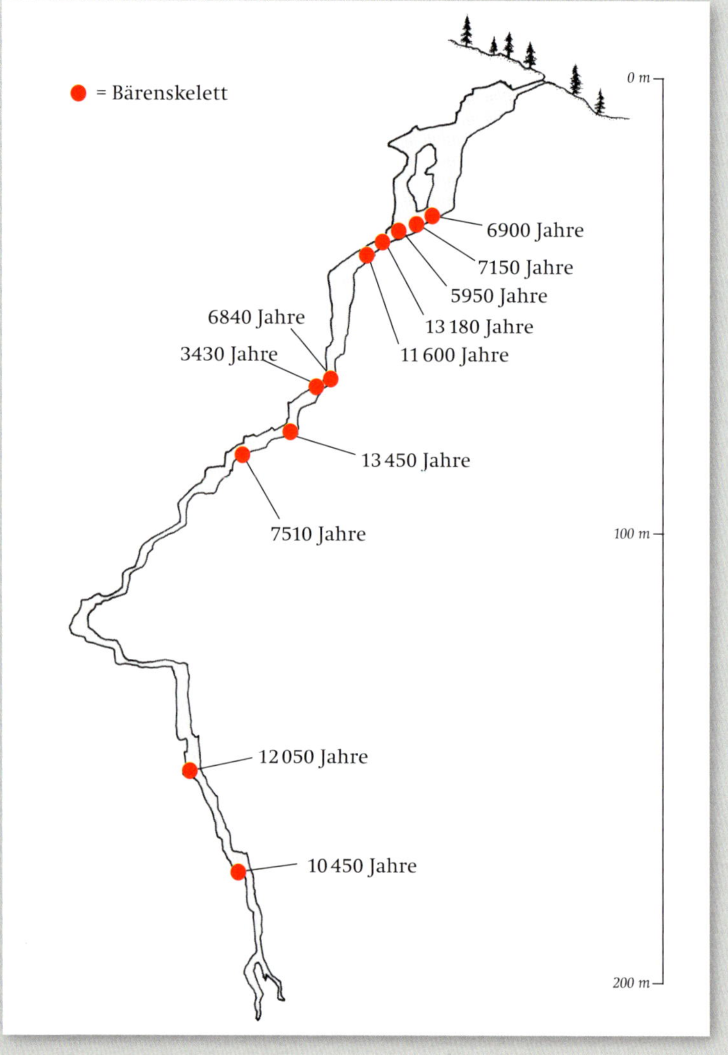

Die Schachthöhle besteht aus einer Abfolge mehrerer bis zu 50 m tiefer Schächte.

Die entdeckten Bärenskelette waren außergewöhnlich gut erhalten.

Auf dem Zwischenabsatz eines 50 m tiefen Schachts wurde 160 m unter dem Erdboden das vollständige Skelett eines Braunbären entdeckt. Wie sich später herausstellte, kam er vor 12 000 Jahren hier zu Tode.

Kratzspuren an den Wänden zeigen, dass der Bär den Sturz in den Abgrund zunächst überlebt hat.

Fast 1500 Jahre nach diesem ersten Unfall ereilte einen Artgenossen das gleiche Schicksal. Ebenfalls auf dem Vorsprung gelandet, nagte er die Knochen seines Vorgängers an, bevor er schließlich bis zur Schachtsohle hinabstürzte.

4

VORSTOSS INS REICH DER FINSTERNIS

Pioniere der Höhlenforschung

Jenseits der Siphons

Höhlenrettung

Vermessen und Kartieren von Höhlen

Pioniere der Höhlenforschung

Rémy Wenger

»Die verschiedenen Felsen, welche diese Höhle ausschmücken, die einen lose und vom Gewölbe herabgestürzt, die anderen noch hängend und verschiedentlich gelegen, zeugen in dieser natürlichen Mine allesamt von den Auswirkungen einer schrecklichen Explosion, deren Ursache schwer vorstellbar scheint, denn selbst ein Erdbeben oder ein Vulkan vermöchten dies nicht zufriedenstellend zu erklären.«

Im 19. Jahrhundert stiegen couragierte Männer in den 90 m tiefen Schacht des Gouffre de Padirac (Dordogne, Frankreich), um dort den kostbaren Salpeter abzubauen.

Diese fantastische Beschreibung einer Höhle unweit von Môtiers im Schweizer Jura verdanken wir Jean-Jacques Rousseau, der sich zwischen 1862 und 1865 dort aufhielt. Sie offenbart die ganze geologische Ignoranz mancher aufklärerischen Geister.

Das Rätsel Höhle lässt 2 sehr unterschiedliche Lesarten zu: Manche reagieren mit Unruhe und Furcht und schreiben ihr üble Eigenschaften zu. Andere wiederum, und dies gilt vor allem für die Zeit der Romantik, sehen in ihr einen bukolischen Ort voller Geheimnisse, die Maler wie Caspar Wolf inspirierten. Entsprechende Gemälde und Radierungen verhelfen so der Landschaft in der Kunst zu einer neuen Bedeutung und Faszination, für Künstler wie Reisende. In einer Zeit, zu der sie mit begeisterten Schilderungen der alpinen Landschaften von ihren Erkundungen zurückkehren, erwacht auch das Interesse an den Höhlen.

Im Mittelalter war dies noch anders. Unter dem Gewölbe mancher Grotten hielten Magier ihre Beschwörungen ab, Räuber oder Verfolgte suchten hier Zuflucht, Eremiten zogen sich hierher zurück, und Falschmünzer trieben hier ihr Unwesen. Die ersten wahren Höhlenforscher waren mit Sicherheit jene Männer, die unter die Erde gingen, um Bodenschätze abzubauen: Eis, Erze, Guano (als Dünger) oder Salpeter (zur Herstellung von Schwarzpulver). In seiner 1578 veröffentlichten Geschichte des Languedoc schreibt François de Chalvet de Rochemonteix, dass die Einheimischen den mehr als 90 m tiefen Gouffre de Padirac aufsuchen, um »mächtig guten Salpeter [zu gewinnen,] indem sie vermittels ganz gefährlicher Vorrichtungen dort hinabsteigen«.

Erste Vorstöße

Die Geschichte der Höhlenforschung nachzuzeichnen, ist ein schwieriges Unterfangen. Im Gegensatz zum Alpinismus gibt es nämlich keine bestimmte Region oder Epoche, die den Ausgangspunkt der Speläologie gebildet hätte. Ab dem 18. Jahrhundert, selten früher, stößt man da und dort in Höhlungen vor, um ihre Fortsetzungen kennenzulernen, doch die meisten Entdeckungen bleiben Früchte des Zufalls. So gelangt 1809 ein Trapper, der einen Bären verfolgt, zum Eingang der Mammoth Cave in Kentucky (USA), der mit ihrem 580 km langen Gangsystem längsten heute bekannten Höhle! Und 1842 entdeckt ein Jäger, wäh-

Jules Vernes »Reise zum Mittelpunkt der Erde« ist eine der berühmtesten Erzählungen vom Abenteuer Höhlenforschung.

rend er einen Kaninchenbau aufgräbt, die Grotte d'Aurignac (Haute-Garonne, Frankreich), nach der später eine Kulturstufe der Altsteinzeit benannt werden sollte. In Österreich ist es ein Hirte, der als Erster zum in luftigen Höhen thronenden Eingang der Eisriesenwelt gelangt, die heute alljährlich von Tausenden besichtigt wird.

Pioniere der Höhlenforschung beweisen einen bemerkenswerten Mut. Als Beispiel sei der Marquis Benoît Marsolier de Vivetières genannt, der 1780 in die Grotte des Demoiselles (Hérault) hinabsteigt und vorsichtshalber einen großen Vorrat an Lebensmitteln, Seilen und Gurten mitführt. Andere Unverzagte dringen im gleichen Jahr 70 m tief in den Gouffre de Cruis (Vaucluse, Frankreich) vor. Interessantes Detail: Sie haben ein Thermometer dabei; womöglich liegen also hier die wahren Anfänge der wissenschaftlichen Höhlenforschung! Wenig später erkundet Abbé Camus den Einstiegsschacht des Tindoul de la Vayssière (Aveyron, Frankreich). Dass er problemlos bis in rund 50 m Tiefe gelangt, hat er gewiss göttlichem Beistand zu verdanken.

Allein für Frankreich ließen sich noch viele weitere Beispiele anführen. Muss man nun daraus schließen, dass Frankreich die Keimzelle der Speläologie darstellt? Gewissermaßen ja, wenngleich auch für andere europäische Regionen waghalsige Vorstöße in die Unterwelt belegt sind, ganz zu schweigen von jenen, die keine Spuren hinterließen. So erkundet der Marquis de Nointel 1673 mithilfe von Leitern die Höhle von Antiparos (Griechenland). Zur Weihnachtsmesse versammeln sich 500 Personen im hintersten Saal der Höhle! In Belgien unternimmt Comte Louis François Paule Marie Joseph de Robiano de Borsbeek 1818 den gewagten Versuch, den Gouffre de Belvaux zu erkunden – jene Höhle, in der die Lesse, ein träger Ardennenfluss, verschwindet. Die Höhle ist den Einheimischen nicht geheuer, der Graf indes hält die Ängste für unbegründet und besteigt einen Waschzuber, den seine Helfer mit Tauen festhalten, während er sich von der Strömung davontragen lässt. Dies jedoch nicht ohne eine lange Stange, mit deren Hilfe er das Abflussloch zu finden gedenkt. Um ein Haar wäre die Aktion übel ausgegangen: Während er mit der Stange herumstochert, schwappt mehrmals Wasser über den Rand seines improvisierten Bootes, während ihn seine Helfer mehr schlecht als recht halten können. Schließlich holt man ihn wohlbehalten zurück, ohne dass er freilich das Rätsel des Abgrunds hätte lösen können. In der Zentralschweiz erforscht Alois Ulrich 1875 das Hölloch – heute das längste bekannte Höhlensystem in ganz Europa. Und in Übersee zeichnen Missionare, Gelehrte und Eroberer für die ersten Höhlenerkundungen verantwortlich.

▲ *Geschönte Darstellung der Mammoth Cave (Kentucky, Vereinigte Staaten) aus dem Jahr 1890. Die Erkundung dieses mit einer Gangstrecke von fast 600 km größten Höhlensystems der Welt begann Anfang des 19. Jahrhunderts und ist bis heute nicht abgeschlossen.*

◀ Unterirdischer Fluss im zauberhaften Ambiente der griechischen Diros-Höhle.

Slowenische Pioniere

Bereits ab 1670 besucht Baron Vajkard Valvasor zahlreiche Höhlen im Herzogtum Krain, darunter auch die berühmte Adelsberger Grotte (Postojna). Er verfasst detaillierte Protokolle und Skizzen und erläutert den Grund für das regelmäßige Versickern des Cerknica-Sees im Karst. Die Ergebnisse seiner Arbeit veröffentlicht er 1689 in dem mehr als 3000 Seiten umfassenden Monumentalwerk »Die Erde des Herzogthums Crain«. Auch ein außergewöhnliches Höhlentier ist hier erstmals erwähnt: der Grottenolm.

In den Fußstapfen Valvasors wandelnd, wird Joseph Anton Nagel um 1740 vom österreichischen Kaiser beauftragt, die Höhlen seines Landes zu erforschen. Ein Jahrhundert darauf erkunden Federico Lindner und Ivan Svetina die Schachthöhle Trebiciano, um die Wasserversorgung von Triest zu sondieren. Nach 11 mühevollen Monaten erreicht Lindner nach Bewältigung mehrerer Engstellen und senkrechter Schächte eine Tiefe von 327 m. Erwähnt seien noch die Leistungen von Schmidl, Hanke und Marinitsch ein halbes Jahrhundert später – auch sie Pioniere, die aufbrachen, um die außergewöhnlichen unterirdischen Reichtümer des slowenischen Karsts zu ergründen.

◀ In dem Abenteuerroman »Les sondeurs d'abîmes« (1911) von Maurice Champagne findet sich der Protagonist in einem Ganglabyrinth wieder – eine Situation, die manchem Höhlenforscher vertraut sein dürfte.

Im 19. Jahrhundert beginnt man auch in England, Italien, den Vereinigten Staaten und der Schweiz mit systematischen Erkundungen. Die Freizeithöhle wird interessant und modern: Einzelne Höhlen werden ausstaffiert, um den Entdeckergeist des Bürgertums zu befriedigen.

Die Schilderungen der Höhlenbesucher sind oft nicht ohne Charme. Über seinen Besuch der Grotte de Milandre im Schweizer Jura schreibt beispielsweise ein gewisser Thiessing: »Um 9 Uhr früh standen wir am Mauseloch, jeder versehen mit Vorräten aller Art. Da man nämlich sagt, dass sich diese Höhle weit verzweigen soll, rechneten wir – abzüglich der Übertreibungen, denen man in solchen Fällen allerorten begegnet – mit einigen sehr langen Gängen, die wir, vermutlich als Erste, näher zu untersuchen gedachten. Da wir erfahren hatten, dass der Boden der Höhle überall mit einer außerordentlich dicken Schicht aus weichem Mergel bedeckt ist, haben wir, ein jeder nach seinen Vorlie-

▶ Querung über gähnendem Abgrund (Skocjanske Jame, Slowenien). Die ersten Besucher haben diesen schwindelerregenden Pfad in den Fels gehauen, um den Fluten des am Grund eines gewaltigen unterirdischen Cañons tobenden Flusses auszuweichen.

▶▶ Höhlenforscherin beim Abstieg in den geräumigen Eingangsschacht der Kfaor-Qanaf-Höhle (Sultanat Oman). 60 m weiter unten wartet bereits ihr Kollege, um die Erkundung der erst vor Kurzem entdeckten Höhle fortsetzen zu können.

Wie eine Spinne an ihrem Faden ... (Aven Noir, Aveyron, Frankreich).

▶ *Auf seinem Schaukelbrett wird E.-A. Martel in den Tindoul de la Vayssière heruntergelassen (Causse de Concourès, Aveyron, Frankreich). Radierung von G. Vuillier (1894).*

◀ *Auf dem Weg vom Schluckloch Perte du Bonheur (Verlust des Glücks) zur Quelle der Bramabiau (Gard, Frankreich) – eine von E.-A. Martel 1888 erstmals absolvierte Strecke.*

ben und Mitteln, einiges Unter- und Überzeug angelegt, mögliches und unmögliches . . .«

Abgesehen von solch köstlichen Berichten ist das 19. Jahrhundert durch die Naturwissenschaften geprägt, mit neuen Disziplinen wie Archäologie oder Geologie. Es entstehen unzählige gelehrte Beschreibungen der Höhlen und unterirdischen Gerinne. Allmählich entdeckt man auch die Wechselwirkungen zwischen Oberfläche und Untergrund, nutzt Quellen für die Stromerzeugung und wird sich der schädlichen Folgen der gedankenlos in die Schächte geworfenen Tierkadaver bewusst.

Der Vater der Speläologie

Im Jahr 1888 gelingt einem jungen Rechtsanwalt namens Edouard-Alfred Martel die erste Durchquerung der Grotte de Bramabiau (Gard, Frankreich). Dem unterirdischen Wasserlauf vom Schluckloch bis zur Quelle folgend, zeigt er die Funktionsweise des Karstwassersystems auf. Später wird ihm auch die damit verbundene Umweltproblematik bewusst und die Notwendigkeit, in Karstregionen Schutzzonen einzurichten. Martel widmet sein Leben der Erkundung Hunderter von Höhlen in Frankreich und ganz Europa, von Portugal bis Norwegen. Der wagemutige »Vater der Speläologie« lässt sich, rittlings auf einem Schaukelbrett sitzend, in Schachthöhlen hinab befördern, in einer Hand das Seil, in der anderen eine Kerze; gekleidet ist er in einen Gehrock plus Melone oder mit Papier gepolstertem Helm. Als Vortragsreisender und Schriftsteller hinterlässt er der Nachwelt einige prachtvolle, reich illustrierte Bücher, die von seinen berühmtesten Unternehmen berichten. Nach Martel ist auch das Gesetz aus dem Jahr 1902 benannt, das das Deponieren von Abfällen im Karst untersagt. Angeregt wurde es durch Eugène Fournier, einen Geologen aus Besançon, auch er ein Pionier der Höhlenforschung, dem wir die Entdeckung Hunderter von Hohlräumen (mehrheitlich im Jura) verdanken.

Ab 1920 durchstreift der Vortragsreisende und Schriftsteller Norbert Casteret die französischen Höhlen. Dieser unermüdliche Forscher verfasst rund 30 Bücher, die er seinem Thema widmet. Robert de Joly, ein Zeitgenosse Casterets, tritt nach dem Ersten Weltkrieg die Nachfolge Martels an. Seine Aktivitäten auf ganz Europa ausweitend, entdeckt er eine Vielzahl von Höhlensystemen, darunter den berühmten Aven d'Orgnac-Issirac

niemand weiß, wo der
Everest der Tiefe liegt,
und niemand wird es je wissen

(Ardèche, Frankreich). Zugleich ist de Joly ein herausragender Erfinder: Er fabriziert zerlegbare Kletterstangen und Laufrollen sowie Karbid-Stirnlampen, er verwendet Schlauchboote und leichte Seilwinden, und er perfektioniert die um 1925 von italienischen Speläologen erfundene Hängeleiter mit Metallsprossen. Robert de Joly ist der Urtyp des autoritären und spartanischen Expeditionsleiters. Hörprobe gefällig? »Leitermeter von Anfang an sorgfältig abrollen und fixieren. In der Zwischenzeit hat ein Helfer die Telefonleitung installiert. Laufrolle platzieren und quer über den Schacht abspannen.« Alles ist bereit, die Instruktionen sind erteilt, der Chef steigt hinab. Unterdessen beschreibt er die örtlichen Verhältnisse zunächst direkt, dann per Telefon. Plötzlich tönt es aus dem Lautsprecher: »Halt!« In –80 m ist er auf einen Vorsprung gestoßen, darunter geht es weiter. »Der Zweite soll nachkommen, ich sondiere nach unten. Senkrechte von 50 m, ich warte auf den Zweiten. Der Dritte soll sich bereithalten. Wir werden die Leitern verlängern.«

In dieser Zeit formieren sich die Höhlenfreunde zu ersten Clubs und Landesverbänden, und Emil Racovitza gründet im rumänischen Cluj (Klausenburg) das erste Institut für Speläologie. Gleichzeitig durchlaufen die Befahrungstechniken eine nahezu revolutionäre Entwicklung. Innerhalb weniger Jahrzehnte wird die praktische Höhlenerkundung nachhaltige Veränderungen erfahren.

Immer leichter, immer weiter

Von den einst verwendeten schweren und sperrigen Strickleitern geht man zunächst zu bis zu 10-mal leichteren Drahtseilleitern über. Kurz darauf erscheinen die ersten Abseiltechniken. 1930 erprobt man den Prototyp eines Abseilgeräts. In den 1940er-Jahren steigen Pierre Chevalier und Fernand Petzl als Erste an Nylonseilen ab, doch der Aufstieg erfolgt meist weiterhin per Leiter. 10 Jahre später gestatten Steigklemmen den selbstgesicherten Aufstieg, ab den 1970er-Jahren den gänzlichen Verzicht auf Leitern. Die allmähliche Gewichtsreduzierung des für die Schachtbefahrung erforderlichen Materials setzt sich in der Verwen-

▼ *Ab ungefähr 1970 wird das Material für die Schachtbefahrung im Zuge technischer Neuerungen immer leichter. Statt Leitern verwendet man nun meist Nylonseile (Gouffre à Pilule, Kanton Waadt, Schweiz).*

▼
Gouffre Berger (Isère, Frankreich). Feuchter Abstieg entlang der Cascade Claudine im Jahr 1956, als erstmals die magische 1000-m-Marke überschritten wurde.

dung von Seilen mit minimalem Durchmesser fort. Konsequenz: Zunehmend kleinere Teams können immer schwierigere Hindernisse überwinden und immer tiefer unter die Erdoberfläche vordringen.

1 × 1000 m

Im Jahr 1956, 3 Jahre nach der Erstbesteigung des Everest, wird im Gouffre Berger oberhalb von Grenoble erstmals die magische Tiefenmarke von 1000 m überschritten. 800 m Hängeleitern, 1000 m Seil und 1 Tonne Material kommen bei einer Operation zum Einsatz, die Schlagzeilen macht: »11. August, Mittagszeit, oben läutet das Telefon. Minus 1000! Es ist Lavigne. Das Führungsteam, bestehend aus Schneider, Garby und Potié hat soeben die magische Grenze überschritten. Ein neuer Rekord! Dennoch will keine rechte Freude aufkommen, denn unten hat die Stimme einen dramatischen Ton angenommen. ›Pechschwarz hier‹, schallt es aus dem Telefon. Der mit dem Lärm eines Orkans auf die Helme prasselnde Wasserfall hat die Lampen ausgelöscht. Berger, der seit –500 das Kommando hat, weist die 3 Männer an, auf einem Vorsprung Schutz zu suchen, um im Trockenen schlafen zu können, bevor es wieder nach oben geht.«

(»Paris Match« vom 22. September 1956).

◄
Im Schlauchboot auf dem Höhlenfluss des Gouffre Berger – der Entdeckergeist kennt kein Halten.

Materialtransport im Schacht der georgischen Krubera-Höhle. Um die Sohle der Schachthöhle zu erreichen, sind fast 3000 m Seil erforderlich!

2 × 1000 m

Ende Oktober 2004 geht eine seit einigen Jahren erwartete E-Mail um die Welt: »Im Namen der Ukrainischen speläologischen Vereinigung darf ich die Speleos auf der ganzen Welt über ein historisches Ereignis informieren: Die erste mehr als 2000 m tiefe Schachthöhle ist nunmehr Realität. Die Tiefenmarke von 2000 m wurde am 19. Oktober 2004 in der Krubera Cave (Arabika-Massiv, Westkaukasus, Abchasien) geknackt. Das Expeditionsteam bestand aus 9 ukrainischen Höhlenforschern unter Leitung von Yury Kasjan. Hauptziel war die weitere Erkundung des im August während der letzten Expedition entdeckten Teils, bei der mit –1825 m ein neuer Tiefenrekord aufgestellt worden war. Ausgehend von einem Biwak in –1645 m hinter dem 1. Siphon hat ein 5-köpfiges Team eine größere Abzweigung vom Hauptschacht erkundet. Der neue Teil endet mit einem Game Over getauften trockenen Saal, der mit sandigen und tonigen Sedimenten verstopft ist. Die zahlreichen seitlichen Abzweigungen lassen für die nächste Erkundung einiges erhoffen, auch einen Tiefengewinn.« (A. Klimchouk)

Schon 1 Jahr später wurde in der Schachthöhle Krubera tatsächlich eine Tiefe von 2140 m erreicht. Und damit ist noch lange nicht Schluss. Das Abenteuer geht weiter. Wo wird die nächste Rekordmarke liegen?

Zwischen dem Erreichen der 1000- und der 2000-m-Marke liegen nicht einmal 50 Jahre. In dieser Zeit wurde die Speläologie zu einem weltumspannenden Unternehmen. Die Zahl der auf allen 5 Kontinenten erfassten und beschriebenen Hohlräume geht in die Zehntausende. So kennt man tentakelförmige Systeme mit mehr als 100 km Länge. Insgesamt wurden 75 Schachthöhlen mit einer Tiefe von über 1000 m befahren. Wo wird das enden?

Mehr als 1500 m tief unter der Erde bereitet sich ein Taucher darauf vor, über einen Siphon weiter in die Krubera-Höhle vorzudringen, die mit einem Höhenunterschied von 2140 m tiefste bekannte Schachthöhle.

Faszinierende Höhlenwelt. Mit ihrem quasi unbegrenzten Entdeckungspotenzial bietet sie jenen, die bereit sind, die Mühe auf sich zu nehmen, ein unerreichtes Hochgefühl. Doch man täusche sich nicht: Sie will erarbeitet werden und verlangt Mühen, die den Entdeckungen in nichts nachstehen!

Ad augusta per angusta ...

Jenseits der Siphons

Jean-Claude Lalou

Inzwischen dürfte klar geworden sein, dass Höhlenforscher stets dem einen Leitmotiv folgen: immer tiefer! Doch wer in gähnende Schächte hinabgestiegen ist und sich durch winzige Engstellen gezwängt hat, sieht sich bisweilen einer flüssigen Barriere gegenüber – dem Siphon. Das Wasser, ohne das es eine Höhle überhaupt nicht gäbe, wird zum Haupthindernis, wenn es den gesamten Gang erfüllt.

Der berühmte spanische Höhlenforscher Felix Ruiz de Arcaute sagte einmal, leicht übertreibend: »Wenn die Demokratie zu den gewöhnlichen Höhlen passt, dann sind die senkrechten Schächte die reinste Diktatur.« Doch die neuen Techniken sollten ihn widerlegen, indem sie die Erkundung großer Schächte in den 1970er-Jahren weitgehend »demokratisierten«.

Ein Siphon hingegen wird nie für alle zugänglich sein, da er zumindest eine elitäre Angelegenheit ist. Ein solches Hindernis zu überwinden, verlangt menschliche und technische Kompetenzen, die sich einfach nicht jeder anzueignen vermag. Es reicht nämlich nicht, sich wie bei einem Urlaub auf den Malediven eine Taucherausrüstung zu leihen und ins türkisfarbene Nass zu stürzen, um zu einem befriedigenden Ergebnis zu kommen – oder zu Tode.

Schlammwasser und Seesterne

Lauschen wir einmal der angeregten Unterhaltung zwischen einem Speleo, der nach 10 Tauchjahren noch lebt, und einem Freizeittaucher mit einer Vorliebe für Seesterne und Korallen.

»Wie kriegst du eigentlich das ganze Geraffel bis zum Siphon?«, fragt der Freund des Lichts.

»Vor dem Tauchgang bin ich nie allein, danach wohl!«, erwidert der Liebhaber der Finsternis.

»2, 3 gekoppelte Flaschen, ebenso viele empfindliche Atemregler, eine voluminöse Leinenrolle, mehrere Batterien und dichte Lampen und was sonst noch für einen einzigen Taucher. Übertreibt ihr da nicht ein bisschen in euren Höhlen?«

»Ohne meine geduldigen und aufopfernden Kumpels wäre ich nichts. Wenn sie bereit sind, diese Lasten durch Schächte, Gänge und Engstellen zu schleppen, dann weil sie wissen, dass jedes Teil, so schwer oder empfindlich es auch sein mag, für meine Sicherheit unentbehrlich ist.«

»Anstatt allein mit mehreren Flaschen auf dem Rücken loszuziehen, wäre es da nicht besser, das ganze Zeug auf mehrere Taucher zu verteilen?«

»Durchaus nicht! Unten in unseren Löchern sind wir ganz vom Wasser umgeben. Bei einem Problem und selbst dann, wenn alles gut ging, müssen wir in aller Ruhe zum Ausgangspunkt zurückkehren, ohne uns zu verirren. Das dauert eben und verbraucht entsprechend viel Luft und Licht. Und das auf dem Hinweg aufgewirbelte schlammige Wasser erleichtert uns die Rückkehr auch nicht gerade. Ohne den auf dem Hinweg sorgfältig abgewickelten und befestigten Ariadnefaden wäre an eine Rückkehr nicht zu denken.«

»Eben! Bei einer Panne allein dazustehen, ohne mögliche Hilfe durch einen Tauchpartner, das wäre ja Wahnsinn!«

»Wahnsinn wäre es eher, sich auf andere zu verlassen. Unter Wasser und erst recht bei schlechter Sicht zählt man besser nur auf sich allein. Von daher die Redundanz, also die schwere und kostspielige Verdopplung von allem lebenswichtigen Material für Luft und Licht, um sich im Fall einer Panne, die man nie ausschließen kann, zu helfen. Und die Erfahrung hat gezeigt: Wenn in einem Siphon ein Taucher einem in Not geratenen Partner zu Hilfe eilt, kann man mit 2 Toten rechnen!«

»Ständig das Gefühl zu haben, ein Toter auf Abruf zu sein, das kann doch keinen Spaß machen! Warum dann überhaupt tauchen?«

▶ *Luigi Casati im Einstiegsschacht des Brackwassersiphons Vouliagmeni (Griechenland).*

▶ ***Die große Tiefe und die gewaltigen in Vouliagmeni erkundeten Räume erfordern eine gute Logistik: diverse Atemgasgemische, Platzieren zahlreicher Depot- oder Stageflaschen, funktionsfähige Zuggeräte, kräftige autonome Beleuchtung, Kommunikation zwischen den einzelnen Tauchern etc.***

SECTOR
SECTOR

◄◄ *Olivier Isler bei seinem 4300 m langen Tauchgang bis in 60 m Tiefe 1998 in der Doux de Coly (Dordogne, Frankreich). Der schweizerische Speläonaut hat das Kreislaufgerät entwickelt und den Nachweis erbracht, dass man auch ganz ohne Depotflaschen weit und tief tauchen kann.*

▼ *Bei tiefen Vorstößen sind alle Schwierigkeiten vereint: Zu denen des Tauchens gesellen sich räumliche Enge und Schlepparbeit sowie häufig auch Kälte und schlammiges Wasser (Grotte de la Toffière, Schweiz).*

»Das Vergnügen liegt hier ebenso sehr in der unerlässlichen persönlichen Entwicklung wie in der Entdeckung eines neuen Systems. Mit jedem Tauchgang noch mehr Autonomie zu gewinnen. Sein Leben selbst in der Hand zu haben. Im Fall von Überraschungen, bösen natürlich, mit dem Stress fertig zu werden. Mit Luft und Licht hauszuhalten und die Geräte rechtzeitig zu wechseln, um bei technischem Versagen nicht kalt erwischt zu werden. An die Kumpels denken, die sich beim Warten den Hintern abfrieren. Ihnen danken, indem man mit ein paar Dutzend oder Hundert neuen Metern zurückkommt. Der Erste sein, der jenseits der flüssigen Barriere auftaucht, um in absoluter Stille im schwachen Licht seiner Lampen die Fortsetzung des Hohlraums zu erraten, bevor man mit unverminderter Aufmerksamkeit den Rückweg antritt. Dieses Glücksgefühl kann man nicht teilen und sogar kaum beschreiben ...«

Um von dieser ganz speziellen Facette der Höhlenforschung eine konkretere Vorstellung zu erhalten, wollen wir den italienischen Taucher Luigi Casati auf einigen markanten Tauchgängen begleiten.

8 Stunden unter Wasser

Die beiden 100 m voneinander entfernten Quellen des Olierio (Venetien) zählen zu den mächtigsten in ganz Italien. Die maximale Schüttung der Cogol dei Siori beträgt 40 m^3/s, während die Cogol dei Veci bei Hochwasser 100 m^3/s erreichen kann. Wenn man weiß, dass beide bei Trockenheit nur 1 m^3/s aufweisen, gewinnt man eine realistische Vorstellung von einer Karstquelle.

Die 1960 begonnene Erkundung des ersten Quellaustritts führte bis 1970 vom Eingang aus 450 m weit in eine Tiefe von 50 m. Ende der 1980er-Jahre liegt Luigi bei 710 m, während Jean-Jacques, sein Mentor, per Zuggerät (»Aquazepp«) 870 m erreicht. Die kräftige Strömung und Wetterkapriolen hemmen das Weiterkommen oder machen die alljährlichen Erkundungen bis 1998 ganz unmöglich, als das Tandem immerhin mehr als 1 km unter Wasser zurücklegt.

Das Jahr 2000 bringt die Wende: Der Meister Jean-Jacques überlässt seinem Schüler Luigi seinen Platz als Führungstaucher. Mitte Januar scheint die Wetterprognose günstig, und alles läuft wieder an. Im Winter ist die Strömung nämlich am schwächsten. Die Führungsleine, der Ariadnefaden der Höhlentaucher, wird bis zum bekannten Endpunkt installiert. Stabiles Wetter, doch dann schlägt die Grippe zu. Nach einigen Tagen mit Aspirin und Vitaminen schnallt sich Luigi sein voluminöses Dreifachgerät auf den Rücken und startet mit einer weiteren Flasche quer über der Schulter. Im Kriechgang schlägt die Strömung mit voller Kraft zu, wobei bei einem Speläonauten, der mit all seinen Geräten eher einem Christbaum ähnelt als einem Delfin, von Stromlinienform nicht die Rede sein kann. Nun erreicht er einen ruhigeren, 7 m breiten und 3 m hohen Gang. Wechsel der fast leeren gegen prall gefüllte Flaschen im von den Kameraden am Vortag eingerichteten Depot, rauf auf den Zepp, und komme, was wolle! 1245 m vom Eingang entfernt zeigen die Manometer an, dass ein Drittel jeder Flasche verbraucht ist – Signal für eine sichere Rückkehr. Nach 6 Stunden unter Wasser taucht Luigi zur allseitigen Erleichterung wieder auf.

Am übernächsten Tag geht es erneut los, diesmal mit mehr Depotflaschen, die weiter vorn platziert wurden. 1680 m hinter dem Eingang und jenseits der mit 63 m tiefsten Stelle steigt der Gang wieder an, doch die Spule ist leer. Ohne weiteren Faden gibt es nur eins: zurück. Fortsetzung des Abenteuers Anfang Februar mit noch mehr Flaschen, mehr Depots, mehr Atemgasgemischen (die einen für tiefe Zonen, die anderen für Aufstiege und die abschließende Dekompression). Das Gehirn des Tauchers wird zu einem Computer, der die Aufgabe hat, ohne Bedenkzeit oder technische Hilfe mit Ressourcen und Problemen umzugehen. Luigi ist mit 500 kg Material ausstaffiert, das unter Wasser zum Glück fast nichts mehr wiegt. Doch er hat das Gefühl, einen 5 m langen Auflieger in einem gewundenen, bisweilen schmalen Tunnel zu manövrieren. Mehrere Zwischenfälle begleiten den Tauchgang und lassen die in seinem Kopf ständig aktive Alarmleuchte orangefarben blinken. Jedes Mal gilt es, das Problem zu erkennen, rasch eine praktikable Lösung zu finden und dabei das Gleichgewicht zwischen dem Gedanken an Aufgabe und dem betörenden Reiz der Entdeckung zu wahren. Nach 8 Tauchstunden und einer Begegnung mit 2 träge im Siphon schwimmenden Grottenolmen hat Luigi 2528 Gangmeter unter Wasser zurückgelegt, und es ginge noch weiter. Nun aber gilt es, zunächst einige Stunden in der untergetauchten Dekompressionsglocke auszuharren, bevor er mit dem ganzen Team die Bewältigung des längsten Siphons Italiens feiern kann.

Triefnass

Gleiches Team (oder fast), nur wenige Kilometer entfernt. Wenn die Quellen des Oliero den Urtyp des schier endlosen überschwemmten Gangs darstellen, zählt Elefante Bianco zur Familie der tiefen Karstquellen. Die 1992 erreichte Tiefe von 139 m unter Wasser hatte zahlreiche Rekordanwärter angezogen, die der Aufgabe nicht immer gewachsen waren. Daher war die Quelle von der Gemeinde abgesperrt worden; es hatte bereits genug Tote gegeben.

Das italienische Fernsehen erreichte 2003 eine Aufhebung der Sperre, um mit Luigi als Führungstaucher eine Dokumentation zu drehen. Gehen wir nicht näher auf die Pannen ein (so »gut« überlackierte Flaschen, dass das Gas nicht atembar war, undichtes Kameragehäuse etc.), sondern fassen wir die einzelnen Etappen zusammen: zahlreiche vorbereitende Tauchgänge, dann –150 m am 26. Februar und –162 m am 1. März. Die Maximaltiefe wurde in nicht einmal 20 Minuten erreicht, doch der gesamte Tauchgang dauerte über 7 Stunden, wegen der unendlichen Dekompressionsstopps beim Wiederaufstieg.

Rückkehr 2004 mit neuer Technik: einem Kreislaufgerät oder Rebreather, das den gesamten Sauerstoff nutzt, also auch den in den sonst vom Taucher ausgestoßenen Luftblasen. Dank der größeren Reichweite kommt Luigi nun auf –186 m. Mit dem Kreislaufgerät hat der Taucher das Gefühl, als sei er von einem Serienauto auf den Prototyp eines Rennwagens umgestiegen – weiter und tiefer, doch mit einer empfindlichen Technik, die sich nur für sehr versierte Taucher eignet.

Bleibt die Grundsatzfrage: Warum eine solche Menge an Energie, Vorbereitungen, Kosten und Risiken? Manchen geht es allein darum, weiter vorzudringen als alle zuvor. Andere sehen hier eine Gelegenheit zur Entwicklung von adäquatem Material mithilfe von Spitzentechnologien. Für den gemeinen Speläologen ist das Tauchen – ebenso wie Leiter oder Seil im Schacht – einfach ein Mittel, um ein dem Menschen begegnendes natürliches Hindernis zu überwinden.

Oder wie es so schön heißt: Die hinterste Ecke eines Hohlraums ist ein Köder, der sich bei jeder Expedition weiter entfernt; sicher ist allein, dass man nie wirklich dorthin gelangt.

▲ *Luigi in seiner durchsichtigen Dekompressionsglocke nach Aufstellen eines Tauchrekords mit –160 m im Divje-See (Idrija, Slowenien), im Jahr 2001.*

Höhlenrettung

Rémy Wenger

Wenn in den Medien von Höhlenforschung die Rede ist, dann nur allzu oft, indem sie nach Art eines Heldenepos von der Rettung Ohnmächtiger berichten, die infolge von Unachtsamkeit unter der Erde festsitzen. Eine solche Negativwerbung fördert natürlich die Vorstellung, die Speläologie sei eine riskante Angelegenheit.

In Wahrheit ist die Zahl der schweren Höhlenunfälle sehr gering. Die besonderen örtlichen Gegebenheiten haben allerdings zur Folge, dass etwa ein verstauchter Knöchel, der im Freien eine Lappalie wäre, in den Tiefen einer Höhle zu einem durchaus ernsten Problem werden kann.

Unter der Erde tragen mehrere Faktoren dazu bei, die Situation eines auch nur leicht Verletzten zu verschlimmern. Zunächst einmal kann die Bergung je nach Örtlichkeit mehrere Stunden bis Tage in Anspruch nehmen. Hinzu kommen die ungünstigen Klimabedingungen, vor allem in den kälteren Höhlen. Unterirdische Rettungsaktionen sind und bleiben von Natur aus eine extrem heikle, langwierige Angelegenheit und verlangen die Mitwirkung einer größeren Zahl spezialisierter Retter. Per Hubschrauber kann man vielleicht rasch zum Höhleneingang gelangen, doch die eigentliche Bergung erfordert viel Ausrüstung, Zeit und Energie.

Ein Verletzter wird sich unweigerlich lange gedulden müssen, bisweilen mehrere Tage, bis ihn die ersten Retter erreichen. Hat sich ein Unfall zu allem Unglück 4 oder 6 Wegstunden vom Eingang entfernt ereignet, müssen die Kameraden zunächst diese Strecke zurücklegen, bevor sie einen Alarm auslösen können. Dann vergeht abermals eine gewisse Zeit, bis die Rettungsoperation (die immer nur improvisiert sein kann) anläuft, und wiederum Zeit, bis die Retter beim Verunfallten eingetroffen sind – dem das Warten verständlicherweise schier endlos erscheint.

▸ *Bergeübung in einer alpinen Schachthöhle durch Mitglieder der Schweizerischen Höhlenrettung. Dank ihrer Ortskenntnis und angemessener Techniken sind es die Höhlenforscher selbst, die ein Höchstmaß an Kompetenz besitzen, um unterirdische Rettungsaktionen erfolgreich durchzuführen.*

▸ *Das Passieren von Engstellen (auch Schlüfe genannt, die Tätigkeit bezeichnet man als schliefen) ist eine ebenso heikle wie energieaufwendige Verrenkung. Schmächtige haben es leichter, doch innere Ruhe ist stets das oberste Gebot.*

◂ *Sich in einen Schacht abzuseilen, erfordert keine komplizierten Handgriffe, doch bereits der kleinste Fehler kann tödlich enden. Die Techniken der Schachtbefahrung gründlich zu erlernen, ist daher ebenso unerlässlich wie eine zuverlässige Ausrüstung.*

▶ *Blick auf die Gesteinstrümmer am Boden eines senkrechten Schachts. Auch unter der Erde droht Steinschlag, der indes meist vom Menschen verursacht wird und nicht durch natürlichen Versturz.*

▼ *Bergung eines Verletzten mitsamt Trage über einen Schacht – angesichts von Dunkelheit, Steinhagel und Wasserfällen eine heikle Angelegenheit.*

Angesichts der feuchten Kälte besteht erhöhte Unterkühlungsgefahr. Vor allem aus diesem Grund kann schon ein kleines Missgeschick schwerwiegende Konsequenzen haben. Daher führt jeder erfahrene Höhlenforscher grundsätzlich eine Alu- oder Rettungsdecke mit, um im Fall einer Zwangspause dem Wärmeverlust des Körpers zu begegnen.

Kalkulierte Risiken

In diesem Kontext denkt man als Erstes an Hochwasser. In der Tat kann sich ein unauffälliges Rinnsal binnen weniger Augenblicke in einen wilden Sturzbach verwandeln. Bestimmte Höhlen sind für ihre besondere Gefährlichkeit bei Hochwasser bekannt; die Wissenden sind entsprechend auf der Hut. Angesichts der Gefahr einer unvermittelten Zunahme der Schüttung unterirdischer Gerinne gilt folgender Grundsatz: Unbedingt in Erfahrung bringen, wie die Karst-Aquifere verlaufen und wie die Höhlen bei Unwetter oder Dauerregen reagieren.

Versturzvorgänge haben ein eher geringes Gefährdungspotenzial. Wenn sie sich ereignen, gehen sie eher auf menschliches Ungeschick zurück denn auf ein unkontrollierbares Naturereignis. Ein weiteres hausgemachtes Risiko ist die körperliche Erschöpfung, denn anders als beim Bergsteigen ist die größte Kraftanstrengung hier gegen Ende der Expedition beim Wiederaufstieg gefordert. Es gilt also, mit seinen Kräften hauszuhalten. Erschöpfung kann aber auch beim Überwinden besonders schmaler Passagen, den Engstellen, eintreten. Sich aus den hierbei eingenommenen, überaus unangenehmen Körperhaltungen zu befreien, erfordert einen gehörigen Aufwand an Energie. Und es gilt, nur nicht in Panik zu geraten, was die Lage nur verschlimmern würde.

Weitere, oft unterschätzte Gefahren sind Stürze, technische Fehler bei Seilmanövern in Schächten oder Verirrung, sei es in sehr großen Sälen oder labyrinthartigen Systemen.

Um nicht durch Hochwasser oder Erschöpfung überrascht zu werden, bedarf es neben einer adäquaten Ausrüstung grundsätzlich auch einer Ausbildung, die den erwarteten Schwierigkeiten entspricht. Sich unter der Erde gewandt und sicher zu bewegen, setzt eine Lehrzeit voraus, die man im Rahmen von Kursen oder Touren mit erfahrenen Führern absolviert, um vor Ort vom Rat der alten Hasen zu profitieren.

wenn es unter der Erde hart auf hart kommt, ist auf Hilfe von außen stets Verlass

Ehrenamtliche Retter

Für eine effiziente unterirdische Rettungsaktion ist es unabdingbar, dass man außer den örtlichen Gegebenheiten auch mit den jeweils erforderlichen Befahrungstechniken vertraut ist. Derartige Kompetenzen trifft man naturgemäß bei den regelmäßig praktizierenden Höhlenforschern an. Auch das zum Einsatz kommende Material ist speziell auf die Umgebung abgestimmt. Tragen, Hebezeug, Sprengmittel, Pumpen, Tauchgerät, Schienen, Kommunikationsmittel – all dies ist so konzipiert, dass die Techniker, Ärzte, Sprengmeister, Taucher und weiteren Spezialisten der Herausforderung gerecht werden können.

In den meisten Ländern haben die speläologischen Vereinigungen in Eigeninitiative eine organisierte Höhlenrettung auf die Beine gestellt. Auf diesem Gebiet haben Frankreich und England Pionierarbeit geleistet. Da gegenseitige Hilfe unter Höhlenforschern keine bloße Worthülse ist, kann es geschehen, dass ausländische Teams anrücken, wenn es in einem Land, das noch keine vergleichbaren Strukturen besitzt, Probleme gibt. Doch damit nicht genug, denn erfahrene Organisationen für Höhlenrettung tragen auch dazu bei, etwa in Asien oder Lateinamerika entsprechende Einrichtungen überhaupt erst zu schaffen. Und dies ganz im Sinne unserer Grundsätze, nämlich ehrenamtlich.

◄ *Bedingt durch die örtlichen Gegebenheiten erfordern unterirdische Bergungsaktionen oft eine Operationskette, deren letztes Glied erst die eigentliche Bergung darstellt (unten). Zuvor gilt es, den Patienten zu stabilisieren, indem man der Auskühlung begegnet. Dazu ist die Ausrüstung für zu überwindende Hindernisse wie Schächte, enge Röhren und Siphons bereitzustellen.*

In Seenot unter der Erde

25. Oktober 1992. Ein Unglückstag für die schweizerischen Höhlenforscher, die vor Kurzem einen guten Kameraden und unermüdlichen Forscher verloren haben. Gleich im Anschluss an die Trauerfeier findet die Generalversammlung der Schweizerischen Gesellschaft für Höhlenforschung statt, deren Termin seit Langem feststeht.

Rasch treffen 4 Freunde den Beschluss, der trübseligen Veranstaltung den Rücken zu kehren. Es sind dies der Präsident der SGH, der Leiter der Tauchkommission, der Bibliothekar und ein Clubpräsident. Für sie besteht das beste Gegenmittel immer noch darin, unter die Erde zu gehen.

Am Nachmittag betreten wir voller Erwartung die Grotte du Vertige: Der Lehmpfropf, der den Hauptgang hinten versperrte, hat sich gelöst, vermutlich im Zuge der Unwetter zu Herbstanfang. Wir haben eine kleine Druckluftflasche dabei, für den Fall, dass wir auf ein wassererfülltes Gewölbe stoßen sollten. Der Pegel ist ziemlich hoch – für diese Höhle normales Hochwasser, was uns angesichts der Wetterberichte der letzten Tage nicht überrascht. Draußen ist es diesig, doch der Regen hat aufgehört. In diesem neuen niedrigen und lehmigen Gang gibt es etwas zu entdecken, und tatsächlich finden wir die Verbindung zur Grotte des Lacs. Der Rückweg gestaltet sich matschig, wir waren rund 4 Stunden vom Fluss entfernt. Zum Hauptgang zurückgekehrt, stoßen wir auf einen tobenden Fluss: Von überall rinnt es nur so, und, na klar, der Weg zum Ausgang ist durch ansteigendes Wasser versperrt. Es ist ungefähr 16 Uhr. Unsere Erfahrung mahnt uns zur Geduld. Mit der nächtlichen Kälte wird das Wasser bestimmt etwas zurückgehen und wir werden herauskommen. Wir kehren zu dem eben erst erkundeten engen Gang zurück, um dort ein Notbiwak zu errichten.

Draußen ist die Freundin eines der Beteiligten unruhig geworden und hat um 22 Uhr den regionalen Verantwortlichen telefonisch alarmiert. Die Rettungsaktion läuft an. Wegen des starken Hochwassers ruft man Taucher herbei. Der recht luftig gelegene Zugang zur Höhle wird gesichert.

Wir schlafen mehr schlecht als recht, als Patrick uns plötzlich aufweckt: Hochwasser! In unserem erdigen Gang fließt ein schlammiges Rinnsal, das rasch anschwillt. Von hinten überrascht, gilt es nun schnell Richtung Hauptgang zu flüchten. Der Fluss dort ist nicht mehr wiederzuerkennen: Die Gerinne haben sich in Regenvorhänge verwandelt, und der Pegel steigt zusehends. Es ist nun 23 Uhr, also genau jener Zeitpunkt, da wir damit gerechnet hatten, dass sich die Dinge etwas beruhigen würden. Als Taucher und Mann der Tat befestigt Jean-Jacques den Atemregler an der einzigen kleinen Druckluftflasche, die wir besitzen. Ein Blick des Präsidenten und alten Kampfgefährten bringt ihn indes sofort von seinem Vorhaben ab. In dieser Situation wäre das purer Wahnsinn!

Draußen organisiert man sich. Die Leitstelle wird im Wirtshaus des Nachbarorts errichtet, immer mehr Retter treffen ein, doch die ersten Vorstöße kommen bereits nach wenigen Metern zum Erliegen. Das aufmerksame Studium der Höhlenkarte verstärkt die Befürchtungen der Verantwortlichen: In Anbetracht des hohen Pegels ist nicht zu erkennen, wo die Eingeschlossenen hätten Zuflucht suchen können. Womöglich sind sie bereits ertrunken. Ohne jedoch auch nur eine Sekunde zu zögern, macht man weiter, einem allen bekannten Grundsatz folgend: Solange noch keine Leichen gefunden wurden, besteht Hoffnung!

4 Augenpaare suchen das Ganggewölbe nach Vertiefungen ab für den Fall, dass die Fluten weiter ansteigen. Doch anscheinend steigt der Pegel nicht mehr so schnell. Wir schlafen nicht mehr, sondern warten mit wachen Sinnen. Und wir zittern noch etwas mehr.

Die Taucher haben das richtige Mittel gefunden, indem sie schwere Metallbarren vor sich herschieben, um von der Strömung nicht zum Ausgang zurückgespült zu werden. Doch ihr Vorankommen gestaltet sich schrecklich langsam und ermüdend. Weitere Helfer haben Seile quer durch den Gang gespannt, um jedem, der von der mächtigen Strömung mitgerissen wird, eine Überlebenschance zu bieten. Inzwischen steht auch die Funkverbindung zwischen Leitstelle und Höhleneingang. Ein Höhlenrettungsarzt ist vor Ort. Und es wird bald Tag.

Ab 5 Uhr früh beginnt der Flusspegel zu sinken, langsam, sehr langsam. Jean-Jacques hält es nicht mehr aus: »Sie müssen erfahren, dass wir leben. Ich versuche den Ausstieg.« Gemeinsam erwägen wir die Risiken: Er hat keine Taucherlampe und riskiert, von der mächtigen Strömung bis zu dem tiefen Wasserfall am Ausgang mitgerissen zu werden. Doch wir kennen die körperlichen und mentalen Stärken des braven Kerls und geben ihm daher grünes Licht. Es ist 10 Uhr.

Die 3 Taucher waren einige Dutzend Meter vorgedrungen und hatten unterwegs Seile angebracht. Nun sind sie zurückgekehrt, um ein wenig zu verschnaufen. Da plötzlich, ein Geräusch: Jean-Jacques ist förmlich aus dem Nichts aufgetaucht! Freudige und fragende Gesichter, dann einige kurze notwendige Erklärungen. Die Kunde verbreitet sich: Sie leben! Die unverhoffte Rückkehr eines der 4 Überlebenden beflügelt alle, und die Taucher unternehmen einen erneuten Vorstoß.

Wir gehen weiterhin sparsam mit unseren mageren Ressourcen um. Es brennt immer nur eine Lampe, und wir knabbern an einem der letzten verbliebenen Kekse. So gut es geht, über-

Hochwasser verwandelte den aus der Grotte du Vertige austretenden Sturzbach in einen mächtigen Wasserschwall. Bald sollten 4 Speläologen viele Stunden lang in der Höhle eingeschlossen sein.

spielen wir unsere Unruhe. Plötzlich Licht und Geräusche: Ein Lichtstrahl taucht aus dem Wasser auf, mit einem schnauzbärtigen, lächelnden Gesicht darunter. Es ist André, einer der wenigen Taucher, denen wir diese Glanztat zutrauten. Väterlich besorgt, erkundigt er sich nach unserem Zustand, der sich bei seinem Anblick sofort gebessert hat. Wir sind nun voller Energie. Kälte, Hunger und Angst sind verflogen. André verlässt uns bald, um das für die Bergung benötigte Tauchgerät herbeizuschaffen. Es ist Mittag, doch die Sonne scheint für uns noch nicht.

Alle sind ganz aus dem Häuschen, dass André es tatsächlich geschafft hat, zu den Eingeschlossenen vorzudringen. Das Bergungsmaterial wird rasch, aber systematisch vorbereitet. 2 Taucher machen sich damit auf den Weg.

Die Zeit verstreicht langsam, und wir raten, wann wir wohl wieder draußen sein werden. Da sind sie ja! Nun aber geht es nicht mehr ums freudige Wiedersehen, sondern um die Vorbereitung einer Operation, bei der kein Fehler passieren darf. Du hast schon 1-, 2-mal getaucht, nimm diese Flasche, du gehst als Erster, der Nachfolgende gibt dir Licht! – Du hast noch nie den Kopf untergetaucht, nimm dieses Teil in den Mund; ruhig atmen, ich erledige den Rest! – Und du weißt ja, wie der Hase läuft, du bildest das Schlusslicht!

Um 13.30 Uhr brechen die Ersten auf, und um 14 Uhr sind alle zurück.

Die freundschaftliche Verbundenheit, die uns 4 hat ausharren lassen, springt sofort auf die rund 30 bekannten wie unbekannten Kameraden über, die uns erwarten – mit Gesichtern, die mehr von den spannungsvollen 24 Stunden zeugen als von der Freude, uns wohlbehalten vorzufinden. Eines haben wir nun verstanden: Welche Gefühle die unter der Erde Eingeschlossenen auch ergreifen mögen, das schwerste Los tragen doch jene, die sich draußen Sorgen machen und ein Bein ausreißen.

Nachdem auch die Ausrüstung geborgen ist, machen sich Retter wie Gerettete auf den Weg zum Wirtshaus, wo ein stärkender Imbiss wartet. Danach heißt es aufräumen, Bericht abfassen und bezahlen.

Und für uns selbst gilt es, die notwendige Lehre daraus zu ziehen. Waren wir nun unfähig oder waghalsig? Weder noch. Weder das Tauchdiplom von Jean-Jacques, noch Davids jugendlicher Elan, Patricks Vorliebe für diese bestimmte Höhle oder das Engagement von Jean-Claude bei allem, was er anpackt, hatte uns dazu getrieben, unsere Grenzen zu überschreiten oder um jeden Preis eine Erstbefahrung zu versuchen. Vielmehr hatte unsere Erfahrung mit diversen Höhlenflüssen uns veranlasst, die Erkundung ohne größere Bedenken fortzusetzen, ohne dass wir uns die Mühe gemacht hätten – und das war unser Fehler –, darüber zu diskutieren. Wir hatten uns getäuscht: Die in dieser Höhenlage angehäuften Schneemengen und die unerwartete Heftigkeit der lokalen Unwetter nach unserem Einstieg hatten einen für diese Höhle und Jahreszeit außergewöhnlich hohen Wasserstand zur Folge.

Jean-Claude Lalou

Vermessen und Kartieren von Höhlen

Rémy Wenger

Seit dem 18. Jahrhundert wird unsere Erde intensiv erforscht und kartiert. Moderne Satellitenbilder liefern uns eine hochauflösende Darstellung sämtlicher Landmassen. Dennoch entdecken Speläologen immer wieder neue Höhleneingänge. Wie machen sie das? Hüten sie vielleicht ein Geheimnis?

In unbekannte Gefilde vorzudringen ist heute nahezu alleiniges Privileg der Höhlenforscher. Zwar ist es in gewissen Regionen inzwischen schwierig, neue Höhlen zu entdecken (im Jura beispielsweise), doch existieren genügend andere, nicht unbedingt weit entfernte Landstriche, in denen man weiterhin mit hoher Wahrscheinlichkeit neue Öffnungen finden kann. Auf der Erde gibt es selbstredend auch noch andere Orte, die noch kein Mensch betreten hat. Man denke nur an die zahlreichen noch unbestiegenen Gipfel. Doch sie tragen bereits einen Namen, und wir besitzen Bilder von ihnen. Ganz anders dagegen verhält es sich mit der unterirdischen Welt, denn niemand weiß, wo sich die längste oder tiefste Höhle der Welt befindet – und niemand wird es je wissen!

▼
E.-A. Martel hatte die Grotte de Gargas (Haute-Garonne, Frankreich) bereits erkundet und kartiert, als F. Regnault 1892 im Zuge paläontologischer Forschungen eine Fortsetzung entdeckte. Der Begründer der Speläologie kehrte später mit seiner ersten Publikation zurück, um sie vor Ort von Hand zu vervollständigen.

Was die Erforscher dieser Nachtwelt nicht zuletzt auszeichnet, ist Diskretion. Kaum jemand rühmt sich seiner Taten. Vielmehr begegnet man eher solchen Entdeckern, die ihre Funde am liebsten absolut geheim halten würden. Im verborgenen Inneren der Berge können sich nämlich wahre Abenteuer ereignen. Wer das Tun dieser modernen Forschungsreisenden verfolgen will, darf nicht zögern, ausgetretene Pfade zu verlassen. Um als Erste eine noch unbekannte Höhle zu betreten, sind sie nämlich bereit, sich von den Massen zu entfernen und, wenn es sein muss, mehrstündige Fußmärsche auf sich zu nehmen, um in eine vielversprechende Region zu gelangen. Bei ihrer Suche ist ihnen die Kenntnis der Geologie und Hydrogeologie der sondierten Reliefs behilflich. Wenn in einem Tal, das von einem Kalksteinmassiv dominiert wird, eine Karstquelle sprudelt, muss dieses Wasser ja schließlich irgendwo unter der Erde verschwunden sein. Bleibt die Frage: wo genau?

Auf der Suche nach neuen Abgründen

In den Karstzonen der Voralpen teilen sich die Speleo-Clubs den Kuchen. Jeder hat eine bevorzugte Zone, auf die er sich konzentriert und wo er, Jahr auf Jahr, zahlreiche Daten erhebt. Bestimmte Bergmassive werden systematisch abgesucht, um nur keinen verborgenen, doch womöglich interessanten Eingang zu verpassen. Jeder einzelne Spalt wird unermüdlich erkundet. Sollte der Spalt zu eng sein, ihm aber ein vielversprechender Luftzug entströmen, wird man versuchen, ihn per Muskelkraft freizulegen, notfalls auch mit ein paar Gramm

▶
Speläologe beim Sondieren des Karrenfelds von Innerbergli (Kanton Bern, Schweiz). In einem derart zerklüfteten Gelände muss man bisweilen Dutzende von Spalten untersuchen, um auf eine zu stoßen, hinter der sich eine lohnende Entdeckung verbirgt. Nur wer die Oberfläche systematisch absucht, wird einen womöglich bedeutsamen Fund nicht übersehen.

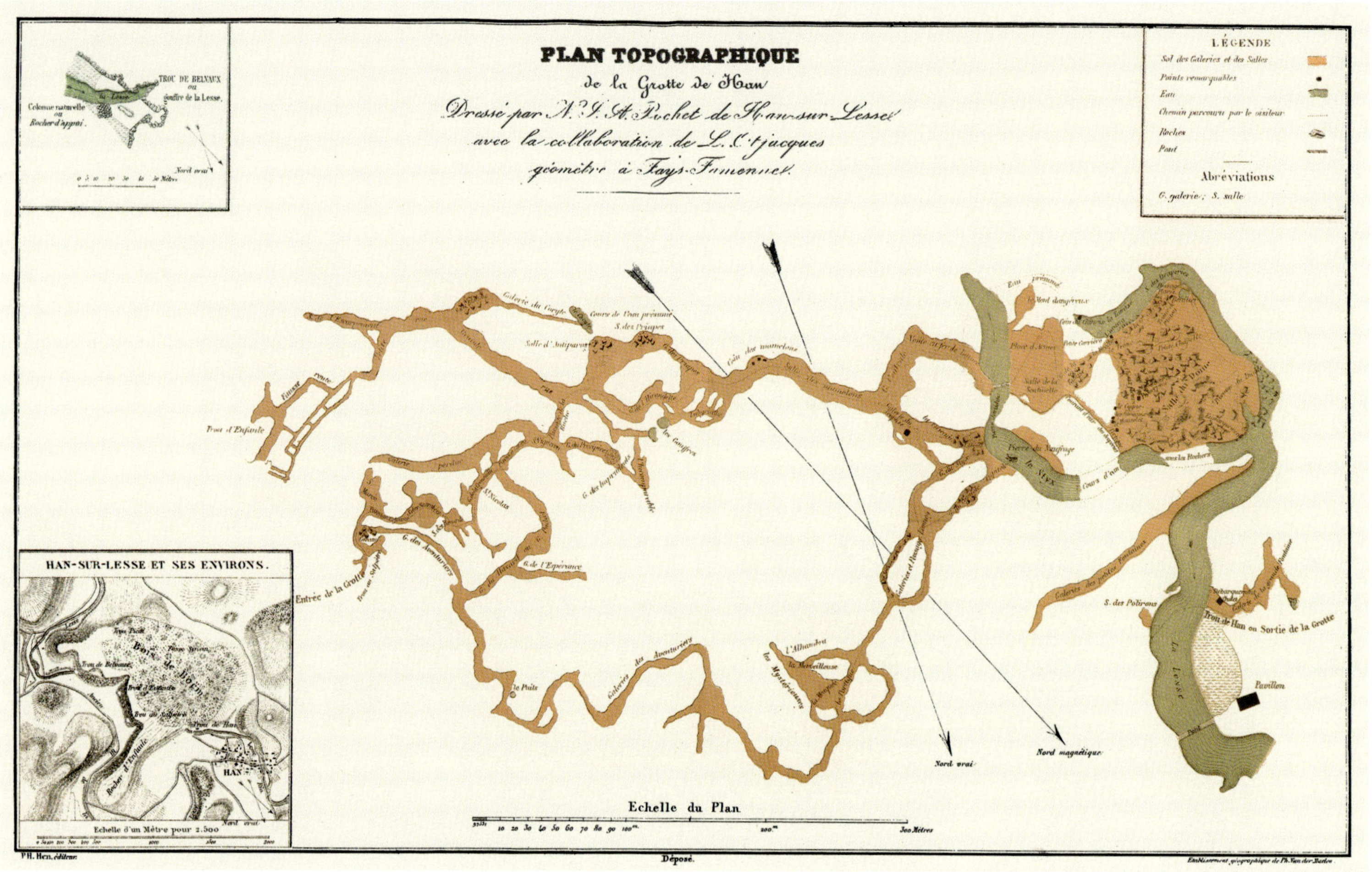

▲ *Im Jahr 1859 von A. Pochet erstellter Lageplan der Grotte de Han-sur-Lesse (Belgien).*

Sprengstoff. Es wäre nämlich falsch anzunehmen, dass sich große Höhlensysteme zwangsläufig hinter großen Öffnungen verbergen. Für den tropischen Karst trifft dies zu, doch die großen alpinen Hohlräume besitzen oft nur bescheiden dimensionierte Zugänge. Daher verdient jeder Spalt Aufmerksamkeit, und sei er noch so eng.

Nun legen Speleos nicht nur Diskretion an den Tag, sie haben auch einen langen Atem. So kommt es vor, dass manche in der Überzeugung, vor den Toren einer Superhöhle zu stehen, Jahre damit verbringen, den Eingang freizulegen. Manchmal wird diese Geduldsarbeit belohnt, doch bei Weitem nicht immer! Und die sozusagen zutage beförderte Höhlung wird ihre Geheimnisse nicht so rasch preisgeben. Für riesige Gebilde wie das System Sieben Hengste (150 km) in den Schweizer Voralpen waren Dutzende von Expeditionen notwendig, um einen kompletten Plan zu erstellen und die Ränder zu erreichen.

Elektronik und Wünschelrute

Verschiedene geophysikalische Verfahren können dem Höhlenforscher behilflich sein, unterirdische Hohlräume aufzuspüren; dazu gehören das Aussenden niederfrequenter (VLF) oder hochfrequenter elektromagnetischer Wellen (Georadar), die Mikrogravimetrie und die Reflexions-Seismik. Sie haben allesamt den Zweck, Anomalien des Untergrunds aufzuspüren, die als Anzeichen für einen Hohlraum gedeutet werden können. Mit der gleichen Zielsetzung kann man auch versuchen, mittels geoelektrischer Messungen Schwankungen der Leitfähigkeit des Untergrunds nachzuweisen. Auch Experten für Infrarotfotografie können hinzugezogen werden. Die mit geeigneten Filmen und Filtern gemachten Aufnahmen können nämlich die Öffnungen von Hohlräumen sichtbar machen, da zwischen diesen und ihrer Umgebung ein Temperaturunterschied besteht. Diese Methoden befinden sich freilich noch in der Erprobung. Vielleicht wird die eine oder andere von ihnen eines Tages die mühsame Prospektion in unwegsamem Gelände entbehrlich machen oder zumindest erleichtern.

Könnte möglicherweise auch die Wünschelrute dem Speläologen bei seiner Suche nach neuen unterirdischen Horizonten behilflich sein? Wünschelruten aus Haselnuss oder Kupfer werden ja vielfach eingesetzt, um Wasser zu finden. Das plötzliche Ausschlagen nach oben oder unten zeigt auf spektakuläre Weise Schwankungen im natürlichen Verlauf der kosmischen oder irdischen elektromagnetischen Wellen an. Vielleicht handelt es sich tatsächlich um Grundwasser (was bisweilen durch Bohrungen bestätigt wird), doch das ist nicht bewiesen. Es könnte durchaus ebenso auf Verwerfungen oder gar unterirdische Hohlräume hindeuten.

Wie bereits bei den weiter oben erwähnten streng geophysikalischen Methoden der Fall, kommt es ganz auf die Interpretation der gewonnenen Messwerte oder beobachteten Effekte an. Nicht wenige russische Geophysiker betrachten die Wünschelrute als vollwertiges Messinstrument. Es mag sich daher lohnen, sich näher mit dieser Methode zu beschäftigen, um neue Höhlen aufzufinden.

Speläologen pflegen die von ihnen erkundeten Hohlräume detailliert zu beschreiben. Auch wenn die Speläologie noch nicht überall als ernst zu nehmende Wissenschaft angesehen wird, sollte die geleistete Arbeit doch früher oder später offizielle Anerkennung erfahren. Höhlenforschung ist eine anspruchsvolle sportliche Betätigung, die jedoch bei Weitem nicht nur dem reinen Vergnügen dient. Hiervon zeugen die vielen Fachrichtungen, denen die unter der Erde gemachten Beobachtungen nützliche Informationen liefern: Biologie, Geologie, Hydrologie, Klimatologie, Archäologie, Paläontologie etc.

Die unter der Erde aktiven Forscher gewinnen auf ihren Expeditionen eine beeindruckende Menge an Daten, die regelmäßig in Fachzeitschriften veröffentlicht werden. Fast jeder Club verfügt über ein eigenes Magazin, das über die Entdeckungen seiner Mitglieder berichtet. Die weltweite Fachliteratur umfasst inzwischen Tausende von Titeln, was von der Dynamik einer Wissenschaft zeugt, die weitgehend von sachkundigen Amateuren bestritten wird.

▲ *Um den genauen Verlauf der unterirdischen Rinnen zu ermitteln, müssen Abmessungen, Neigungswinkel und Peilrichtungen bekannt sein. In großen Systemen ist für diese Arbeit viel Geduld gefragt, doch das Darstellen und Nachvollziehen der Entstehung von Hohlräumen hat nun einmal seinen Preis.*

Das Unsichtbare zeichnen

Ohne Zeichnung würde es dem Entdecker einer Höhle kaum gelingen, eine genaue Beschreibung abzugeben. Bereits die frühen Höhlenforscher unternahmen eine Vermessung der befahrenen Gänge.

Mit Maßband, Kompass und Neigungsmesser ausgerüstet, erstellen Speläologen Messzüge sämtlicher erkundeten Gänge. Herkömmlicherweise dient dies als Grundlage für eine Höhlenkarte in der Draufsicht und im Profil. Dank der modernen EDV und der dreidimensionalen Abbildung hat sich die Darstellbarkeit von Höhlensystemen inzwischen erheblich verbessert. Nach Eingabe der Messwerte in den Computer lässt sich ein in sämtliche Richtungen dreh- und schwenkbares Bild erzeugen. Auf diese Weise kann man etwa die Entwicklungsachsen bestimmter Rinnen aufzeigen oder Kluftfugen, die zur Entstehung von Gängen geführt haben.

Und die Informatik eröffnet noch weitere Möglichkeiten der Darstellung unterirdischer Hohlräume. Inzwischen ist eine veritable Nachbildung von Gängen kein Ding der Unmöglichkeit mehr. Hierzu benutzt man Scanner, die die Beschaffenheit der Wandungen sehr präzise nachzuzeichnen vermögen. Davon ausgehend, kann man einer Höhle nun

Gemeinnützige Aspekte

Höhlenforschung ist in erster Linie eine Freizeitbeschäftigung, die das Ziel verfolgt, Höhlen zu befahren, zu erkunden und zu dokumentieren. Indirekt liefert diese Tätigkeit jedoch auch Daten und Erkenntnisse, die der Gesellschaft in vielen Bereichen dienlich sind.

Naturwissenschaften und Archäologie

Spuren der Vergangenheit bleiben unter der Erde bemerkenswert gut erhalten. Die zahlreichen von Höhlenforschern gesammelten Daten bereichern unser Wissen über die Entwicklung der Erde, des Klimas und der Pflanzen. Beim Erkunden von Höhlen können auch archäologische oder paläontologische Stätten entdeckt werden, die für die Menschheitsgeschichte bzw. Faunenentwicklung bedeutsam sind. Und immer wieder stößt man hier auf neue endemische Tierarten.

Sicherheit und Tiefbau

Speläologen erfüllen eine gemeinnützige Aufgabe, wenn sie unterirdische Rettungsmaßnahmen durchführen, für die sie aufgrund ihrer Ortskenntnis und Spezialgeräte besonders befähigt sind. Durch ihre Explorationen ermöglichen sie die Nutzung von Grundwasservorkommen. Außerdem liefern sie Informationen, die für die Bewertung des Risikos für einen Erdfall, wie er sich in Kalksteinregionen ereignen kann, von Nutzen sind. Und sie sind dank ihrer Kenntnis bestehender Höhlungen und der in einer Region erworbenen Erfahrungen in der Lage, das bei Tunnelbohrungen bestehende Risiko einzuschätzen, Hohlräume anzuschneiden.

Umweltschutz

Bei der unterirdischen Erkundung können Beobachtungen gemacht werden, die vor allem der Trinkwasserqualität in Karstregionen zugute kommen (Trinkwasserschutzzonen). Speläologen sind in der Lage, noch vor den Entnahmepunkten Wasseranalysen durchzuführen. Außerdem leisten sie eine Bestandsaufnahme der Problempunkte (Höhlen, Schächte, Dolinen etc.) und sind aktiv an ihrer Sanierung beteiligt. Und sie intervenieren, wenn es gilt, Maßnahmen zum Schutz empfindlicher Höhlen wie Tropfsteinhöhlen oder Faunenreservate zu ergreifen. Schließlich kümmern sie sich aktiv um die Landschaftspflege, sobald Projekte mit weitreichenden Folgen anstehen, etwa Geländeeinebnungen zwecks Anlage von Skipisten in Karstgebieten.

Die Spuren der Vergangenheit treten zutage: Höhlensinter als Klimaprotokoll

Müllbeseitigung

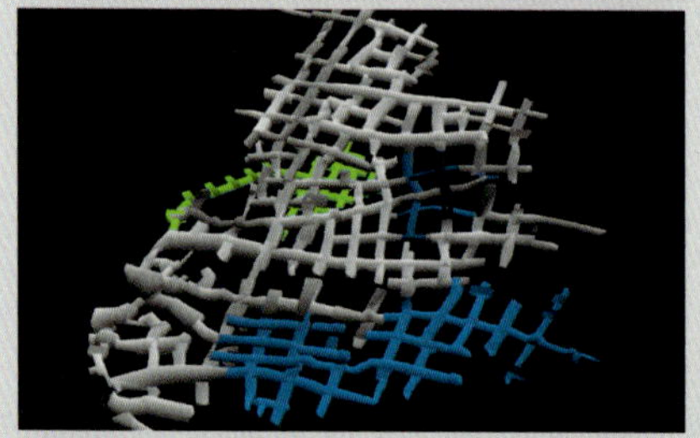

Lagedarstellung natürlicher oder künstlicher Hohlräume

Beratung bei Tiefbauprojekten

Erforschung und Schutz unterirdischer Gewässer

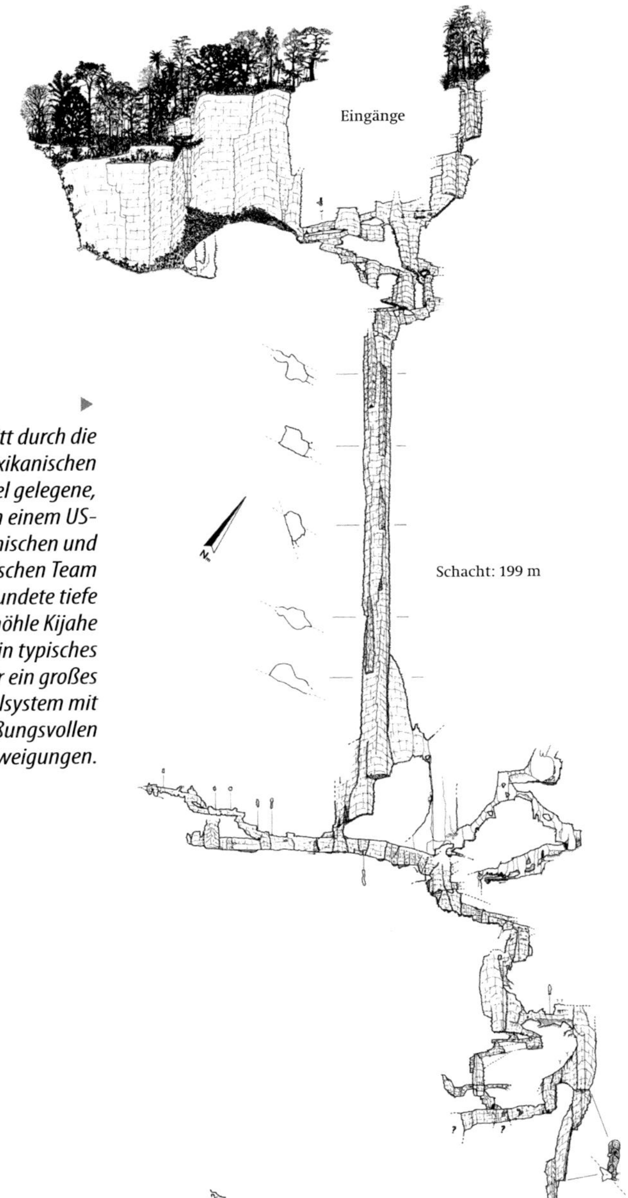

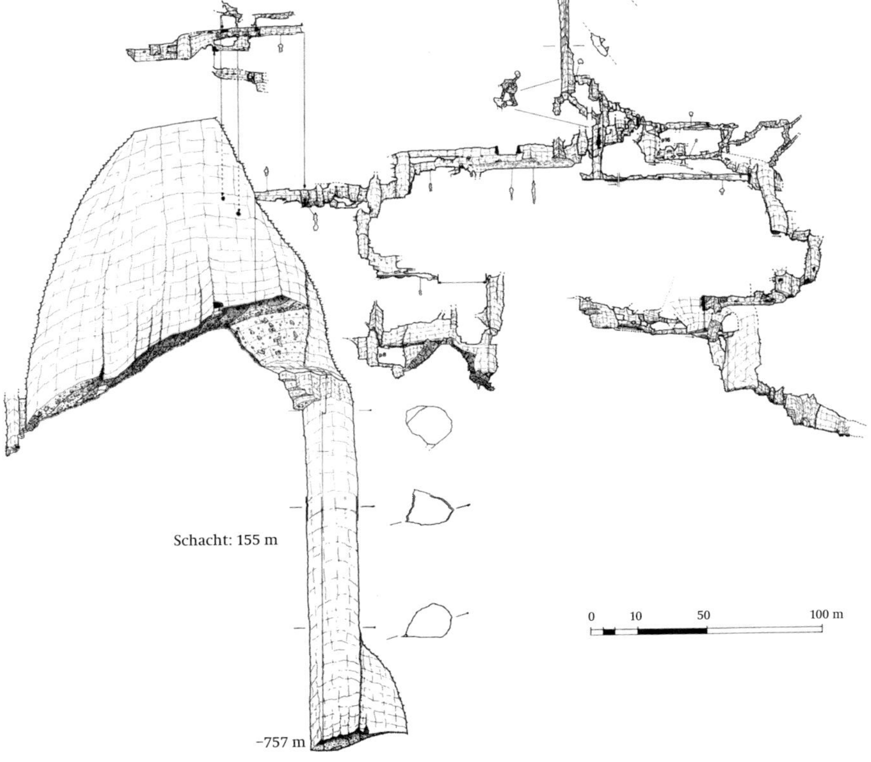

▸
Längsschnitt durch die im mexikanischen Dschungel gelegene, von einem US-amerikanischen und europäischen Team erkundete tiefe Schachthöhle Kijahe Xontjoa – ein typisches Beispiel für ein großes Vertikalsystem mit verheißungsvollen Verzweigungen.

auch einen virtuellen Besuch abstatten und sich in den einzelnen Gängen frei bewegen.

Dennoch bleibt die oft unter erschwerten Bedingungen wie Kälte, Schlamm, Durchzug oder Feuchtigkeit geleistete Vermessungsarbeit unerlässlich, sofern diese mühsame Arbeit nicht eines Tages durch eine nahezu automatische Datenerfassung ersetzt werden kann. In der Tat befinden sich verschiedene Verfahren derzeit bereits im Stadium der Entwicklung und Erprobung. Vor allem unter Einsatz der Robotik werden sie es ermöglichen, Lage und Form unterirdischer Rinnen präzise zu bestimmen – vielleicht sogar von außen. In einer Zeit, da man Raumsonden in ferne Welten entsenden kann, sind solche Perspektiven durchaus realistisch. Falls dies tatsächlich gelänge, was bliebe dann aber vom Reiz und der Freude, wie sie der Entdeckung unterirdischer Welten eigen sind?

▸▸
Dreidimensionale Darstellung des Höhlensystems Sieben Hengste-Hohgant (Kanton Bern, Schweiz). Das gewaltige System umfasst 27 Öffnungen (einige sind hier markiert), die in ein Labyrinth von über 150 km Gesamtlänge führen. In den im Vordergrund sichtbaren parallelen Gängen gibt es unterirdische Flüsse, die sich später vereinigen, um mehr als 10 km entfernt als Karstquelle aus dem Massiv auszutreten.

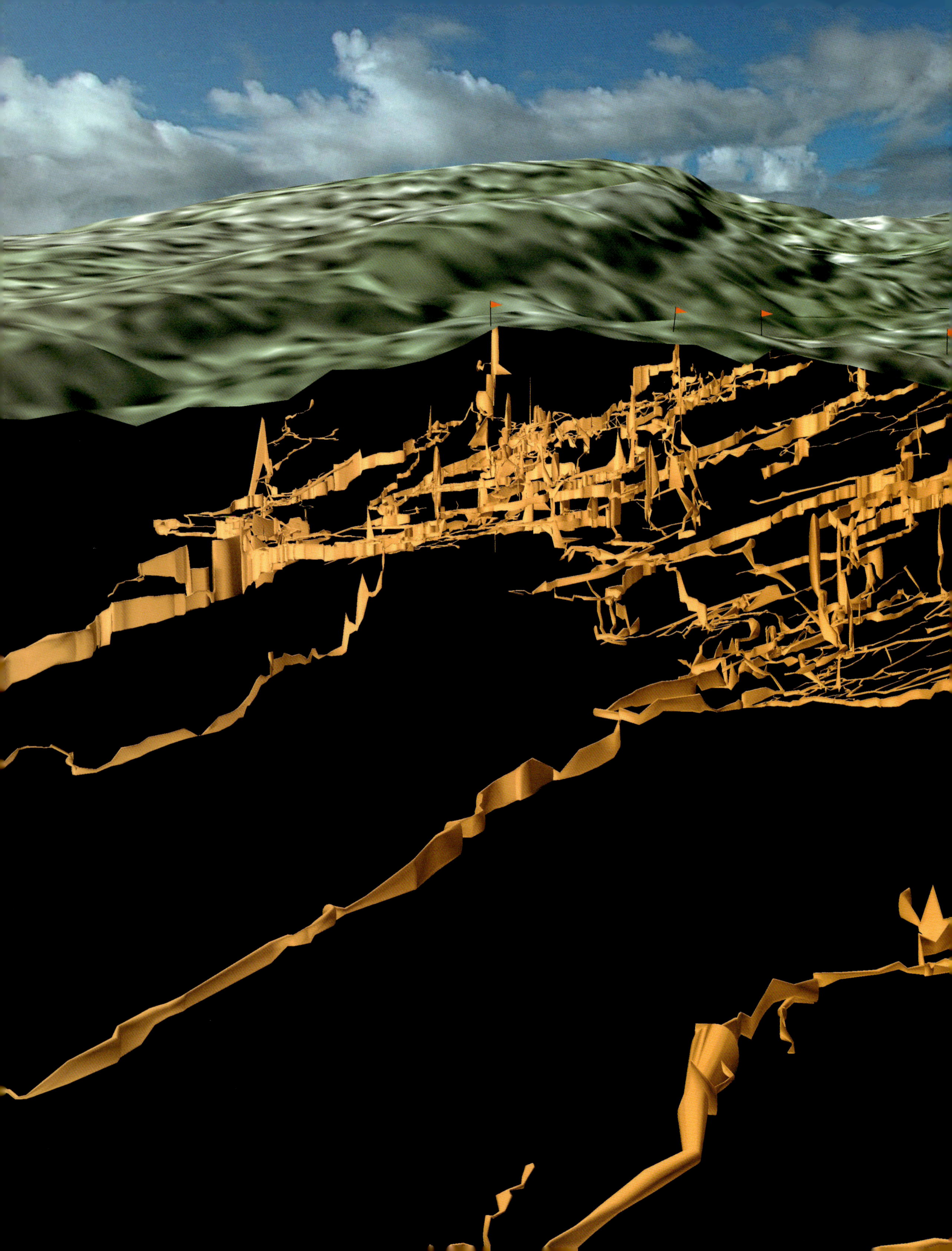

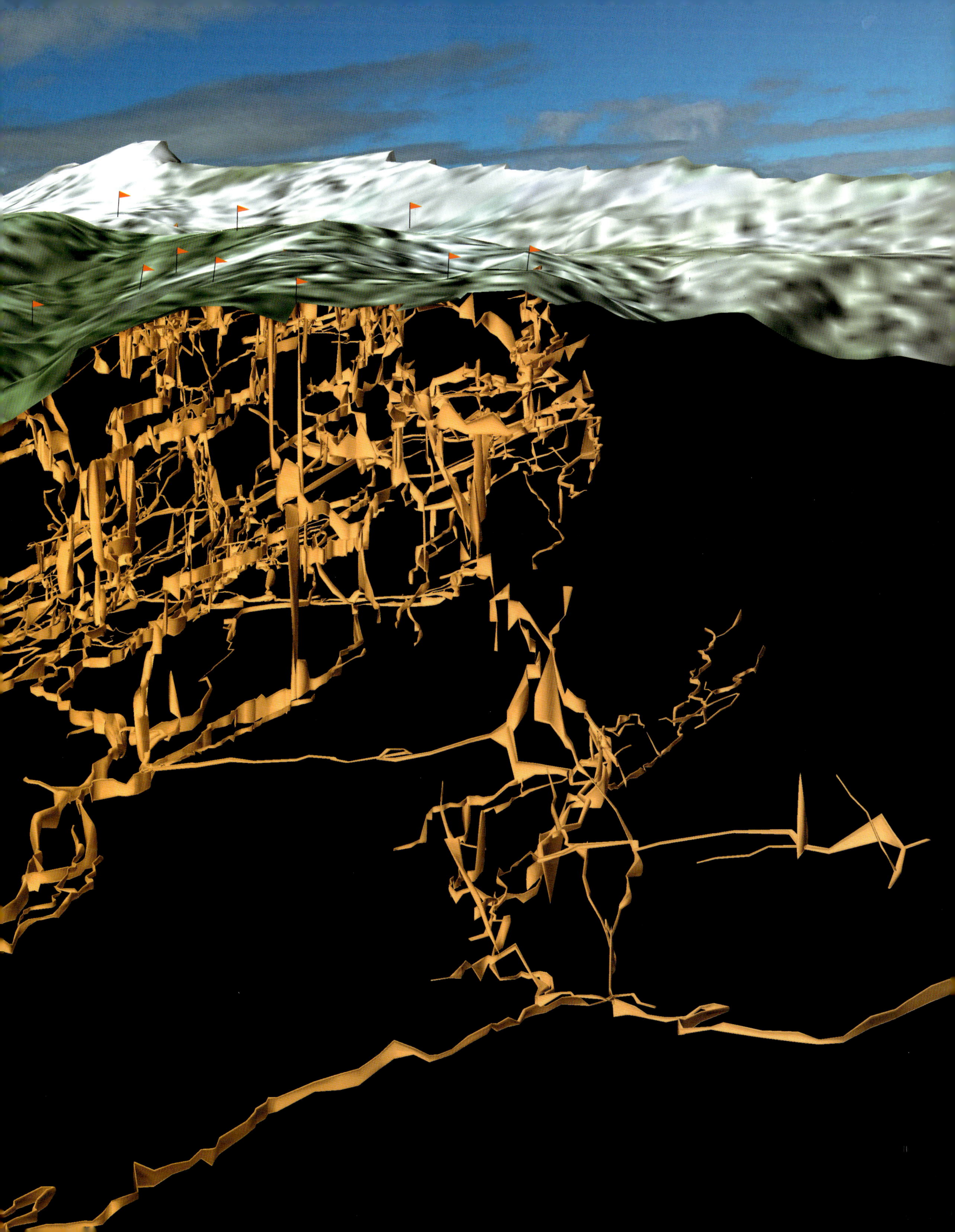

5

UNTERIRDISCHE GLOBETROTTER

13 Expeditionen zu Höhlen auf allen 5 Kontinenten

Höhlen-Weltreise mit 13 Stationen auf 5 Kontinenten

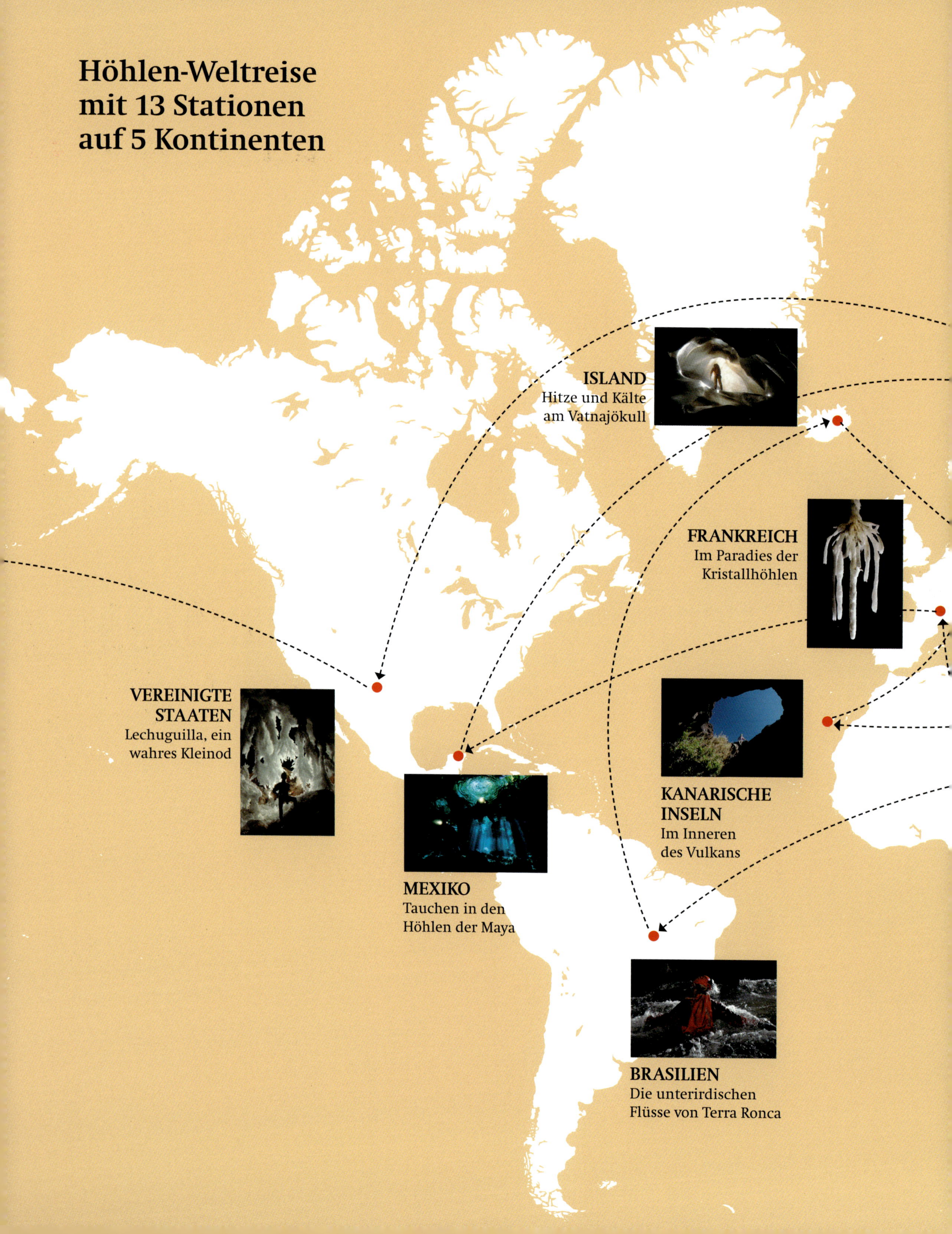

RUSSLAND
In der Kühle borealer Höhlen
SCHWEIZ/FRANK-REICH
Vorstoß ins Herz der Gletscher
TURKMENISTAN
Speleo-Thriller in Zentralasien
CHINA
Das letzte Eldorado
ZIEL
START
VEREINIGTE ARABISCHE EMIRATE/SULTANAT OMAN
Unverschleiertes Arabien
PAPUA-NEUGUINEA
Expedition Papua
ÄTHIOPIEN
of Omar, die
önigin Afrikas

Unverschleiertes Arabien

Die Hirten des Selma-Plateaus im Sultanat Oman achten stets darauf, ihre Herden von der Majlis al-Jinn, der Höhle der Dämonen, fernzuhalten. Das Kalksteinplateau Djebel Bani birgt nämlich ein ebenso beunruhigendes wie fantastisches geologisches Phänomen: Nur ein paar Dutzend Meter voneinander entfernt klaffen 3 große Löcher im Boden und thronen über unergründlichen Tiefen.

Als wir uns von der Öffnung verschlingen lassen, erleben wir einen gewaltigen Kontrast: über uns ein grelles, alles versengendes Licht, während das abgerollte Seil unter unseren Füßen in pechschwarzer Finsternis verschwindet. Am Rand der Rub al-Khali gelegen, wurde die Majlis al-Jinn zu einem mythischen Ort, dessen Bilder den Höhlenforscher zum Träumen bringen.

Beim Abseilen nimmt der Eindruck von Tiefe Gestalt an. Spinnengleich lassen wir uns an unserem Faden in den Abgrund hinab, um nach 160 m festen Boden zu erreichen. Weit über uns bieten die 3 Löcher Zugang zu einem der spektakulärsten und größten unterirdischen Säle überhaupt. Dieser Ort ist wirklich magisch und betörend. Wenn hier, wie die Hirten glauben, tatsächlich böse Geister leben, dann sind sie nicht zu bedauern.

Die Höhlen der Wüste

Auf den ersten Blick hat die arabische Halbinsel mit ihren schier endlosen Dünen nichts von einem Eldorado für Höhlenforscher an sich. Dabei ist die Majlis al-Jinn nicht die einzige außergewöhnliche Höhle in dieser Region. Zwischen Ruus al-Jibal (Vereinigte Arabische Emirate) und Dhofar (im Süden des Sultanats Oman) wurden in den letzten 2 Jahrzehnten weitere spektakuläre Höhlen durch britische, slowenische oder amerikanische Speläologen erkundet.

Auch für diese Höhlen gilt die für sämtliche Breitengrade gültige Regel, wonach die unter der

▶
Monumentale Eingangspforte der Kahf-Tahry-Höhle (Sultanat Oman). Die Höhle ist durch große Gänge mit mehreren Schachthöhlen verbunden, die 400 m weiter oben in dem Bergmassiv liegen. Während des Monsuns kann es vorkommen, dass unterirdische Flüsse entstehen, die Teile des Höhlensystems überschwemmen.

▶
Einem Eisberg nicht unähnlich, taucht das Jebel-Hafit-Massiv aus dem Sand auf (Vereinigte Arabische Emirate). In den hiesigen Höhlen beträgt die Temperatur bisweilen über 30 °C.

▶▶
In über 150 m Tiefe dringt ein Sonnenstrahl bis zum Boden des riesigen Saales der Majlis al-Jinn, eines der weltgrößten unterirdischen Säle (Sultanat Oman).

Erde herrschende Temperatur dem Jahresmittel der jeweiligen Region entspricht. Im Klartext: Es ist heiß in den arabischen Höhlen, sehr heiß sogar. Und eine derartige Hitze bringt völlig neue praktische Probleme mit sich. So können wir uns noch gut an die Entdeckung der Khaf-Hamam-Höhle in den Vereinigten Arabischen Emiraten erinnern. Diese kleine Höhle enthält keine besonderen Hindernisse, dennoch gestaltete sich das Vorankommen sehr mühsam – kein Wunder bei einer Temperatur von stellenweise über 35 °C! Und bei einer Luftfeuchtigkeit von fast 100 Prozent wird schon die kürzeste Kletterpartie oder Kriechstrecke zur Plackerei. Ein paar Minuten genügen bereits, damit wir ganz außer Atem sind. Wegen der hohen Luftfeuchtigkeit kann der Schweiß nicht mehr verdunsten. Ziemlich rasch stellt sich ein Unwohlsein ein, dem sich nur begegnen lässt, indem man zum Eingang zurückkehrt, um wieder zu Sinnen zu kommen – in einer kaum weniger heißen Umgebung!

Die Küste von Oman wird von Juni bis September mit üppigen Niederschlägen bedacht. Diese verdanken sich dem Monsun über dem Indischen Ozean und einem lokalen Tiefdruckgebiet, das durch die teils über 2000 m hohen Berge bedingt ist.

Wer die Region während der Trockenzeit bereist, kann sich die Regenmengen kaum vorstellen. Unter der Erde begegnet man indes zahlreichen Spuren des Hochwassers, die von der Heftigkeit der Unwetter zeugen. Nicht selten findet man Äste, wenn nicht gar ganze Bäume, die sich in den Wandnischen verkeilt haben. Und manche Höhlen besitzen große permanente Seen, in denen Unmengen von organischen Resten treiben, die vom Hochwasser herangeschwemmt wurden.

Über die im Djebel-Samhan-Massiv (Dhofar) gelegene Megadoline Tawi Atayr gelangt man zu

◄ *Magische Höhlen: feine Gipskristalle in einer Nische eines der Säle der Kahf-Tahry-Höhle.*

► *Das Seventh Hole (Selmah-Plateau, Sultanat Oman).*

◄ *Knöpfchensinter (wegen seiner Ähnlichkeit mit Blumenkohl auch Karfiolsinter genannt) am Boden der Majlis al-Jinn – aber auch einer Koralle zum Verwechseln ähnlich.*

◄ *An Klöppelspitzen erinnernde Sinterbecken in der Kahf-Tahry-Höhle.*

einem unterirdischen Fluss, dem man mehrere Hundert Meter weit folgen kann, hat man erst einmal eine fast 200 m tiefe Steilwand bewältigt. Unser Abstieg in die geräumige Schachthöhle blieb indes nicht unbemerkt. Am Abend bestürmten uns die aus der Umgebung gekommenen Dorfältesten mit Fragen. Doch dies sind nicht jene Fragen, die wir uns stellen. Während wir bereits die Organisation einer 2. Expedition erwägen, um den Siphon zu durchtauchen, der die weitere Erkundung des unterirdischen Flusses bisher blockiert hat, interessieren sich die Einheimischen für das unter ihren Füßen gespeicherte Wasser. Kann man es anzapfen? Gibt es viel davon? Ist es trinkbar? Mit solchen Fragen konfrontiert, wird aus der Speläologie als Freizeitaktivität eine gemeinnützige Angelegenheit. Angesichts von Klimawandel und Bevölkerungswachstum wird sich die Frage, ob man in Karstregionen von Grundwasservorkommen profitieren kann, künftig sicher mit zunehmender Dringlichkeit stellen, sei es hier oder anderswo auf der Welt.

Rémy Wenger

◄ *Beim Abseilen in die schwindelerregenden Tiefen der Majlis al-Jinn.*

Die unterirdischen Flüsse von Terra Ronca

In der Ankunftshalle des Flughafens von Brasilia ist Ezio eine auffällige Erscheinung. Mit seinem stramm sitzenden Speleo-Helm können wir ihn gar nicht verfehlen. Fester Händedruck, breites Lächeln, offener Blick – die erste Begegnung mit dem Kollegen aus Übersee markiert den Beginn einer Freundschaft, in deren Mittelpunkt ein gemeinsames Interesse steht: Höhlenforschung.

Schon unsere ersten E-Mails zeigten, dass die Chemie stimmt. Ezio ist die Triebfeder des Grupo Bambui de Pesquisas Espeleológicas, einem der aktivsten Speleo-Clubs von Brasilien. Seine Antwort auf unsere Bitte um Infos über die Höhlen dieses Landes kam prompt und ohne Umschweife: »Kommt, wann ihr wollt. Ihr seid immer willkommen. Hier gibt es einiges zu entdecken.« Nach einigen Mouseclicks war die Expedition nach Brasilien unter Dach und Fach.

2 verschwundene Flüsse

Rund 400 km trennen Brasilia vom Nationalpark Terra Ronca im Nordosten des Bundesstaates Goiás. Auf der Fahrt haben wir reichlich Zeit, in den Berichten jener Reisenden zu stöbern, die sich im 19. Jahrhundert hier aufhielten. So schrieb der schottische Naturforscher George Gardner 1840 in sein Bordjournal: »2 benachbarte Flüsse entspringen in der Serra Geral und verschwinden, wie es heißt, unter der Hügelkette aus Kalkstein. Dort fließen sie zusammen, bevor sie 3 Meilen weiter als ein einzelner Rio wieder auftauchen.« Ein anderer Reisender mit Namen Mattos erwähnt 1875 ebenfalls einen Fluss, der »in eine Höhle aus Kalkstein eintritt und eine halbe Meile weiter wieder hervorkommt«. Und: »Da in diesem Distrikt reichlich Kalksteingebirge anzutreffen sind, bin ich überzeugt, dass es hier noch viele Höhlen zu entdecken gibt.«

Ein Jahrhundert nach dieser Prognose interessieren sich die ersten Speläologen für die Region.

▶ *Die merkwürdigen Kegelstalagmiten von Garganta do Bacupari (Bahia) entstanden, als der Gang von einem See erfüllt war. Auf der unbewegten Wasseroberfläche kristallisierte Kalzit aus. Von der hohen Decke herabrieselnde Wassertropfen zerbrachen die dünne Kruste, sodass Kalzitpartikel auf den Seeboden sanken. Die vielfache und womöglich saisonale Abfolge dieser beiden Prozesse erklärt die blätterteigartige Struktur der Kegel.*

▶ *Die Kristallgebilde der Bezerra-Höhle sind buchstäblich überwältigend. Winzige, prächtige Höhlensinter wechseln sich ab mit monumentalen Fließstrukturen, die wie auf dem Foto eine Höhe von rund 15 m erreichen können.*

▲ *Flussaufwärts gelegener Eingang der Cueva Angelica.*

Sie erkunden die beiden von Gardner erwähnten Flüsse. Einer von ihnen erhält den lieblichen Namen Angelica, den anderen tauft man Bezerra. Auf einem außergewöhnlichen 7 km langen unterirdischen Parcours gelangt man vom Schluckloch des Rio Angelica bis zu seinem Quellaustritt. Auch dem unterirdischen Abschnitt des Rio Bezerra kann man auf einer weiten Strecke folgen, doch – zumindest einstweilen – lässt ein gewaltiger Blockversturz nicht zu, bis zur Quelle vorzudringen, die, wie Gardner bereits erwähnt, aus der gleichen Vorhalle austritt wie Angelica.

In Begleitung 3 brasilianischer Speleo-Freunde erreichen wir auf holprigen Pisten den Nationalpark Terra Ronca. Für sie gleicht diese Expedition einer Pilgerfahrt. Dies ist nämlich das erste Mal, dass sie 12 Jahre nach einer Exploration zurückkehren, die vom tödlichen Absturz eines Gruppenmitglieds in der Cueva Angelica überschattet wurde. Da auch wir bereits einige Kameraden unter tragischen Umständen verloren haben, verstehen und respektieren wir die Gefühle unserer brasilianischen Kollegen.

Der Abstieg in das Schluckloch von Angelica ist schlichtweg phänomenal! Man stelle sich einen unterirdischen Cañon mit einem stellenweise 30 m hohen Gewölbe vor, durch den sich ein lärmender Fluss windet. Das Vorankommen wird durch aufgepumpte Lkw-Schläuche erleichtert, sicher nicht gerade ein ästhetischer Anblick, aber dafür umso effizienter. Einfach herrlich: große Räume, lauwarmes Wasser (22 °C), Kaskaden und Sinter im Überfluss. Zurück ans Tageslicht gelangen wir in einer monumentalen Vorhalle auf einer Terrasse, die über dem Zusammenfluss thront.

▶▶ *Trotz der angenehmen Wassertemperatur ist es nicht immer einfach, gegen die Fluten der Höhlenflüsse von Terra Ronca anzukommen. Mit 5 m^3/s bei Niedrigwasser ist der Gruta São Vicente besonders beeindruckend.*

▶
Manche Flussabschnitte gestalten sich besonders heikel und verlangen ständige Wachsamkeit (Gruta São Vicente).

▶
Nach fast 1 km unter der Erde gelangt der Rio Terra Ronca wieder ans Tageslicht.

◀
Diese Sintergebilde scheinen wie Spargelstangen aus dem Boden des fossilen Gangs der Bezerra-Höhle zu sprießen. Die Kristallisationen (zweifellos Aragonit) erreichen eine Höhe von 30 cm und sind praktisch einmalig auf der Welt.

Die folgenden Tage gestalten sich weniger einfach. Unsere Suche in dem Trichter, der das Ende des Bezerra-Systems markiert, führt nicht zur Entdeckung jener Passage, die zur Quelle führen muss. Alles Verrenken, Schliefen, Freimachen und Klettern zwischen den Endversturzblöcken ist vergebens. Einfach kein Durchkommen! Na ja, auf Erkundungstour bietet nicht jeder Tag Anlass zum Feiern. Entmutigt geben wir dieses Ziel auf und beschließen, den großen Gang mit seinem Fluss weiter zu erforschen. An den Decken lassen unsere Lampen Abzweigungen höherer Rinnen erahnen. Na, wer sagt's denn! Nach einigem Klettern gelangen wir in eine fossile Etage, in der große Gänge entstehen, die mit sehr ungewöhnlichen Sintergebilden verziert sind. An Orten wie diesem fällt es schwer, sich an den Grundsatz zu halten, vor der Erkundung neuer Passagen zuerst eine topografische Skizze anzufertigen. Man möchte vielmehr in alle Richtungen losrennen, sich den unbekannten Gang ruckzuck einverleiben und die weniger erhebende Aufgabe, alles zu Papier zu bringen, Nachfolgern überlassen.

Da sie der Natur großen Respekt entgegenbringen und um den Wert der Stätte wissen, die wir gerade entdeckt haben, achten unsere brasilianischen Freunde von Beginn an darauf, dass der Boden möglichst intakt bleibt. Hier kann ein falscher Schritt zerstören, wozu die Natur Jahrtausende benötigt hat. Uns zwischen Vorhängen und Sträußen aus Aragonit bewegend, benutzen alle den gleichen Weg, um möglichst wenige Kristalle zu beschädigen.

Am Abend geht es im Biwak hoch her. Und morgen? Nichtstun oder doch lieber weitermachen? Keine Frage: Solch ein Abenteuer lässt man sich doch nicht entgehen!

Rémy Wenger

Hitze und Kälte am Vatnajökull

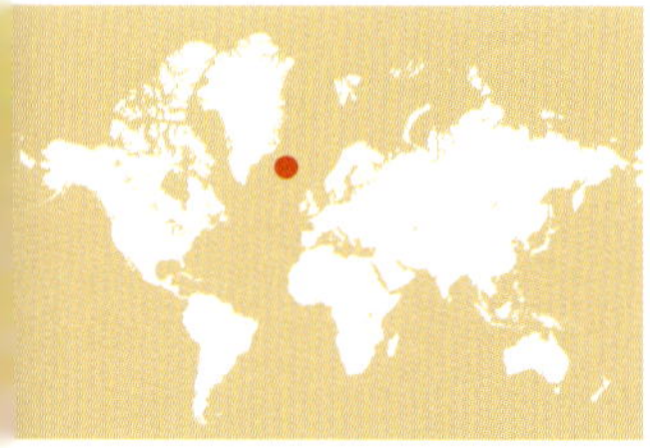

Blickt man auf dem Flug von Reykjavík nach Seydisfjördur nach unten, sieht man nur Weiß. Die 8500 km² des Gletschers Vatnajökull erstrecken sich so weit das Auge reicht. Der größte Gletscher der Welt (ausgenommen die Antarktis und Grönland) verbirgt selbst aus der Luft jene Vulkangebilde, die er umhüllt. Und niemand würde darauf kommen, dass sich unter der erstarrten Oberfläche ganz besondere Höhlensysteme entwickeln. Fast niemand ...

Da die Inselmitte Anfang Juni noch unter einer dicken Schneedecke liegt, können wir den Vulkan Kverkfjöll nicht auf 4 Rädern erreichen. So entscheiden wir uns für ein originelles, wenn auch recht langsames Transportmittel: ein Raupenfahrzeug. Unser Chauffeur Sveinn, ein robuster Isländer, beherrscht sein Gefährt. Während wir in unser Daunenzeug eingemummelt dasitzen, ist er in Hemdsärmeln draußen, um die Frontscheibe zu enteisen. Derweil fegt ein Polarwind so heftig über das Land, dass wir die meiste Zeit den Horizont nicht erkennen können.

Als winziger Punkt in der eisigen Weite kommen wir nur langsam voran und hätten uns ohne GPS mit Sicherheit verirrt. Nach mehrstündiger Fahrt wird die Gleichförmigkeit der Landschaft durch einen See unterbrochen, der von Wänden aus Eis umschlossen ist. Die am Ufer entweichenden Fumarolen zeugen von andauernder geothermischer Aktivität. Da wären wir also. Der See schmiegt sich in eine riesige Caldera, den Einsturztrichter des Vulkans Kverkfjöll. Zu unserer Freude erblicken wir auf einer nackten Felsfläche eine Hütte, unser Basislager. Doch die unverhofften Annehmlichkeiten sind natürlich weit weniger interessant als die Schachthöhle, die nur ein paar Hundert Meter entfernt auf uns wartet ...

▸ *Nach einer langen, monotonen Querung des Gletschers gelangen wir zum Vulkan Kverkfjöll, dessen geothermische Aktivität am Boden der Caldera einen See entstehen ließ.*

▸ *Rauchschwaden, die aus dem Eingang zur Schachthöhle der Solfatare entweichen, künden von der Aktivität des Vulkans Kverkfjöll. Die Hitze hat das Eis geschmolzen und einen Zugang zu dem subglazialen Höhlensystem geschaffen.*

Von Rauchschwaden umhüllt

Auf der nördlichen Vulkanflanke direkt unterhalb des Randes entdecken wir eine Zone intensiver geothermischer Aktivität. Aus den Mündern zahlreicher Solfatare zischt und gluckst es nur so. Diverse Säuren und Metalle verzieren die Landschaft mit einer breiten Palette von Farben, die durch die schwefeligen Schleier aus zahllosen Fumarolen gedämpft werden. Nicht weit entfernt ließ die Vereinigung von Feuer und Eis eine einzigartige unterirdische Landschaft entstehen. Bedingt durch den stetigen Austritt heißer Dämpfe bildete sich unter dem Eis ein rund 20 m breites und ebenso tiefes Loch. Neben stinkenden Dämpfen tritt eine Schwefelquelle aus der Erde, heißes, ungenießbares Wasser ausspeiend, das durch ein hinter den Rauchschwaden sichtbares Luftloch unter dem Eis weiterfließt. Endlich haben wir den Eingang zur berühmten Schachthöhle der Solfatare erreicht. Wegen der instabilen Eiswände ist der Einstiegsbereich besonders gefährlich. Also rasch alles vorbereiten und unter dem Gewölbe mit seinem Bach hineinschlüpfen. Hoffen wir, dass wir ungeschoren davonkommen.

Unter der Erde, nein, unter dem Eis erwartet uns ein märchenhaftes Schauspiel: Über rötlichem Vulkanboden bildet der Gang ein tonnenförmiges Gewölbe mit gewaltigen Kuppeln. Der Abstieg als solcher birgt keine besonderen Schwierigkeiten, doch Gase aus den am Bach entlang verteilten Sol-

▶
Weggabelung in der Schachthöhle der Solfatare. Das warme Wasser des Höhlenbachs trägt dazu bei, dass der Hohlraum trotz regelmäßiger Gletschervorstöße dauerhaft erhalten bleibt.

fataren machen die Sache nicht einfacher. An einzelnen Stellen entstand ein wahrhafter Cañon, was von der Dauerhaftigkeit des Phänomens zeugt. Ab etwa 200 m Tiefe wird es sportlicher. Das Wasser ergießt sich hier in einen rund 20 m tiefen senkrechten Schacht. Vorsichtig bringen wir Eisschrauben an und seilen uns bei ohrenbetäubendem Lärm zwischen Fels und Eis immer weiter ab. Für einen Moment unterscheidet uns nichts von Axel auf seiner Reise zum Mittelpunkt zur Erde. Und auch unsere Reise ist außergewöhnlich. Wohin wird sie uns führen?

In 380 m Tiefe treffen wir auf einen weiteren, noch imposanteren Schacht. Gegen Wind und Spritzwasser ankämpfend, bewältigen wir dieses Hindernis, das so hoch ist wie ein 12-stöckiger Turm. Der Wasserfall macht einen solchen Lärm, dass die Kommunikation zwischen Anfang und Ende des Schachts unmöglich ist. Fotografieren wird dadurch auch nicht eben einfacher. Weiter hinten beruhigt sich der Fluss, und der Weg wird wieder leichter, bis sich plötzlich die Decke absenkt und es wieder enger wird. Das war's! Wir sind nun mehr als 500 m unterhalb des Eingangsniveaus und 3 km davon entfernt. Sich zwischen Eis und Fels zwängend, setzt der Bach seinen Weg zum Vulkansockel fort. Bei ausgeschalteten Lampen bemerken wir über uns einen türkisfarbenen Schimmer. Hier ist das Eis nicht mehr sehr dick, und vielleicht scheint die Sonne nur ein paar Meter entfernt! Doch es sollten noch mehrere Stunden vergehen, bis wir wieder draußen waren und unsere Gesichter in die Sonne halten konnten.

Rémy Wenger

◀◀
Der gesamte Abstieg in die Schachthöhle findet zwischen Gletscher und Gesteinssockel statt. Bereits seit Langem vorhanden, hat der Fluss stellenweise beeindruckende Cañons geschaffen wie (rechtes Foto) in dieser mehr als 20 m tiefen Vertikalpassage.

▶
An manchen Stellen haben sich Nebengänge ins massive Eis gegraben – eine Laune der Natur, die auch Jules Verne hätte inspirieren können.

Expedition Papua

Über unseren Köpfen jubilieren die Paradiesvögel. Ihr Gesang vermischt sich mit den übrigen Geräuschen des Dschungels. Auf die morgendliche Sonne folgt ein Himmel voller bedrohlicher Wolken, Vorboten der unvermeidlichen Regengüsse am Ende des Tages. Unter dem dichten Dach aus tropischer Vegetation nähert sich unsere Karawane nur langsam jenem Pass, den wir rasch erreichen wollen.

Wir waren im Morgengrauen aufgebrochen, schlecht akklimatisiert und ohne Dschungelerfahrung. Im Lauf der Stunden geht es mit der Moral schneller bergab, als wir an Höhe gewinnen.

Bei jedem Schritt haben wir das Gefühl, der Dschungel wolle uns dafür bestrafen, dass wir seine Gesetze missachtet haben. Baumfarne, Schlingpflanzen, Gestrüpp, Lianen und Wurzelwerk scheinen sich verbündet zu haben, uns aufzuhalten. Unsere Hände sind mit Dornen gespickt, während unsere Füße in glitschige Schlammlachen tapsen. Hier, am anderen Ende der Welt, haben sich fast 20 Speläologen aus Europa, Australien und den USA zusammengefunden, um hinter die unterirdischen Geheimnisse des Mount Kaijende im Zentrum von Papua-Neuguinea zu kommen.

▶ *Kalksteinnadeln (eine Art riesiger Spitzkarren) am Mount Kaijende. Manche Stellen, die ganz bestimmt Schachthöhlen beherbergen, sind wegen der Felsspitzen nahezu unerreichbar.*

▼ *Anmarsch durch den Dschungel. Das schwere Gepäck zeigt die leidige Tendenz, das Überwinden von Hindernissen systematisch zu behindern.*

Unter 7 m Regen

Nach 7-stündigem strapaziösem Marsch ist der Pass endlich erreicht. Höhe: 3500 m. Nun nur noch ein »kurzer« Abstieg von 2 Stunden bis zu jener Stelle, wo wir unser Basislager errichten wollen. »Willkommen! Keine Höhlen hier, dafür jeden Tag Regen!« Nicht gerade ermutigende Worte, mit denen uns Paul begrüßt, ein englischer Speleo, der schon seit einigen Tagen vor Ort ist und dessen angedeutetes Lächeln vom gefürchteten britischen Humor zeugt. Keine Höhlen? Ist normal, denn wir sind ja hier, um sie zu entdecken. Regen? Klar, Regen ... Was kann man schon ändern? Wir sind

◄◄
Szenen der Auseinandersetzung mit einem mehr oder weniger ruhigen Fluss in der Ugu-Ananda-Höhle.

►
Ein toller Augenblick: Entdeckung eines intakten Schachteingangs (hier: Lik Lik). In solchen Fällen blüht die Fantasie, und intensive Vorfreude auf die baldige Erkundung kommt auf.

▲
Das Basislager – unser trautes Heim, von dem aus wir mehrtägige Vorstöße ins Kaijende-Massiv unternahmen.

mitten in der Trockenzeit, und trotzdem gießt es jeden Tag! Der Regenmesser der nächstgelegenen Wetterstation zeigt 7 m Jahresniederschlag, mithin 4-mal mehr als in den Alpen. Das ganze Wasser muss ja wohl ein paar Höhlen geschaffen haben!

Mount Kaijende ist eine wahre Festung aus Kalkstein mit einer Mächtigkeit von fast 1 km. Auf seinem Hochplateau erheben sich praktisch undurchdringliche Nadelwälder. Doch hier geht es nicht um tropische Nadelbaumarten, sondern um große, messerscharfe Nadeln aus Kalkstein. Diese seltene, spektakuläre Karsterscheinung findet man auch auf Madagaskar und Borneo. Die Nadeln sind mit den Karren der Kalksteinmassive in den Voralpen oder Pyrenäen vergleichbar. Aber während deren Grate meist allenfalls ein paar Dezimeter hoch sind, können die hiesigen Nadeln eine Höhe von mehreren Dutzend Metern erreichen.

Um uns vor der Nässe zu schützen, erweitern die Papua unser Basislager um einige Pfahlbauten, deren Dächer wir mit großen Plastikplanen abdecken. So haben wir wenigstens ein trockenes Plätzchen, in das wir uns zwischen den Vorstößen in das Bergmassiv zurückziehen können. In kleinen Gruppen und mit genug Proviant für 3–4 Tage brechen wir auf, um die Umgebung nach Höhlen abzusuchen. Auf unseren Streifzügen bekommen wir nicht selten scheinbar aus dem Nichts aufgetauchte Eingeborene flüchtig zu Gesicht. Wir wissen zwar nicht, wo ihre Dörfer sind, doch sie machen immer wieder auf sich aufmerksam, hier mit abgeknickten Zweigen, dort mit einer noch qualmenden Feuerstelle. Dann vernichtet Brandstiftung nicht nur einige Hektar Buschland rund um unser Camp, sondern auch einen Teil unserer Ausrüstung. Wir stehen vor einem Rätsel. Wie mag unser Kommen auf die Einheimischen wirken? Betrachten sie die Höhlen vielleicht als einen Hort der Ahnen? Falls ja, dann fassen sie unser Interesse an

◄ *Morgennebel über der Lichtung, auf der wir unser Basislager errichtet haben.*

den Höhlen bestimmt als Entweihung auf. Sicher haben wir uns wie Eroberer verhalten, ohne wirklich versucht zu haben, die regionalen Sitten und Glaubensvorstellungen zu begreifen. Der Entdeckergeist führt bisweilen dazu, allein das Ziel vor Augen zu haben und andere Aspekte zu vernachlässigen.

◄ *Zurück von der Erkundung der Lik-Lik-Höhle. Geschichte wird sie nicht machen, da nur ein paar Dutzend Gangmeter herauskamen. Dafür haben wir einige interessante Beobachtungen über die hiesige Höhlenfauna machen können.*

In dieser sonderbaren Atmosphäre, noch verstärkt durch das feuchte Klima, in dem wir baden, durchsuchen wir die Region mehr als einen Monat lang nach Höhlen. Als es ans Einpacken geht, haben wir eine Gangstrecke von fast 10 km Länge in verschiedenen Höhlen erkundet, deren größte rund 400 m tief ist. Das Rätsel um die Höhlen des Mount Kaijende ist zumindest ansatzweise gelöst. Wegen des mühsamen Vorankommens im Dschungel konnten viele Ziele indes noch nicht erreicht werden, weshalb weiterhin von einem großen speläologischen Entdeckungspotenzial auszugehen ist. Wie anderswo auf der Welt warten auch hier noch manche schöne Tage auf den Höhlenforscher von morgen.

Rémy Wenger

Speleo-Thriller in Zentralasien

Termez, eine Grenzstadt zwischen Usbekistan und Afghanistan. Mit mehr als 12 Stunden Verspätung landet die dröhnende Tupolew mitten in der Nacht auf einem archaisch wirkenden Flughafen.

Nach einer 2-tägigen, durch Widrigkeiten und Wartezeiten »versüßten« Anreise über Budapest und Moskau noch ganz schlaftrunken, erreichen wir den Bahnhof und steigen in den Zug nach Turkmenistan. Da es in unserem Waggon keine Beleuchtung gibt, entgehen wir der Zollkontrolle.

Am frühen Morgen heißt es endlich aussteigen – in der Mitte von nirgendwo. Schwer bepackt erklimmen wir die Hänge des Kugitang; gegenüber, am anderen Ufer des Amu-Darja, ragen die verschneiten Gipfel des Hindukusch gen Himmel. Nach mehrstündigem Marsch stehen wir dann vor unserem Ziel: der Cupp-Coutunn-Höhle, ein Labyrinth mit mehreren Eingängen und einem Gangsystem von über 60 km Länge. Besonderes Merkmal ist ihre unglaubliche Vielfalt an Höhlensintern und Mineralen.

Die Kugitang-Höhlen liegen in einem angeblichen Naturreservat, das die reichen Mineralvorkommen vor lokalen Plünderern schützen soll. Der Zutritt von Speläologen zu dem Reservat wird eher lasch und individuell verschieden geregelt. Westler werden als Luxusreisende eingestuft, was unverschämt hohe Eintrittsgebühren zur Folge hat. Gleiches gilt auch für Fotos: 10 Dollar pro Bild! Wir ziehen es daher vor, auf eine Genehmigung zu verzichten und es drauf ankommen zu lassen. Somit ist unsere Anwesenheit praktisch geheim, zumal wir ohne Visa einreisen mussten. 2 Wochen vor dem Abflug hatten die turkmenischen Behörden uns nämlich mitgeteilt, dass man uns ein Visum verweigert – daher auch unsere klammheimliche Einreise.

Angesichts dieser Situation beschließen wir, unser Camp besser gleich unter der Erde zu errichten. So hätten wir für die paar Tage Ruhe vor Beamten und Mineralienräubern. Dachten wir zumindest . . .

▼ *Vom Kugitang-Massiv reicht der Blick bis zu den fernen Erhebungen des Hindukusch. Mehrere reich versinterte Höhlen öffnen sich am Grund des Cañons.*

Gipsschmuggler

Einige Tage lang erkunden wir die tentakelhafte Komplexität der Cupp-Coutunn-Höhle. Mehrmals verlassen wir die Höhle und unternehmen lange Wanderungen zu weiteren Höhlen wie Geophyzicheskaya. Hierzu müssen wir 3 Cañons in Folge überwinden. Die Höhle wartet mit riesigen Gipskristallen auf, etwa mit langen, bizarr geformten Armen, die von den Decken herabhängen und scheinbar kurz davor stehen, sich abzuwinkeln. In einem benachbarten Gang hat der Gips die weitaus lieblichere Form sehr feiner, am Boden verstreuter Nadeln angenommen, fast wie ein Teppich aus Engelshaar.

In der Hushm-Oyeek-Höhle bildet der Gips hohe weiße und wulstige Säulen, die an Karyatiden in Gestalt merkwürdiger weiblicher Gewandstatuen erinnern. Bei näherem Hinsehen stellt man indes überrascht fest, dass die Säulen gar nicht so massiv sind, sondern . . . hohl! Durch seitliche Öffnungen

▶ *Manche Gipssäulen in diesem Saal der Hushm-Oyeek-Höhle sind hohl! Ein ganz besonderes und überaus seltenes Phänomen.*

◀
Das Ganglabyrinth der Cupp-Coutunn-Höhle birgt ein wahrhaftiges Mineralienmuseum.

◀
Exzentrische Speläotheme in der Cupp-Coutunn-Höhle. Russische Wissenschaftler haben in den Höhlen der Region mehrere Dutzend unterschiedliche Minerale identifiziert. So verwundert es nicht, dass mit diesen Gebilden ein schwunghafter Handel getrieben wird – mit überaus nachteiligen Folgen für die unterirdische Lebenswelt.

kann man den Kopf stecken oder gar ganz hineinschlüpfen und die dünne, durchscheinende Kruste von hinten beleuchten. Ins Innere eines Höhlensinters gelangen, das ist schon merkwürdig! Weiter hinten stoßen wir mitten in einem Gang auf ein noch außergewöhnlicheres Mineralgebilde: einen senkrechten Hohlzylinder, der mehrere Meter tief im Boden steckt. Über die Brüstung gebeugt, kann man seine Wandungen bewundern, die zur Gänze mit großen orangefarbenen Kristallen bedeckt sind.

Am Eingang begegnen wir immer wieder Gruppen bewaffneter Gipsschmuggler, die gekommen sind, um Nachschub zu beschaffen. Ein Bakschisch macht uns jedes Mal den Weg frei, da uns nicht sonderlich danach zumute ist, mit ihnen zu verhandeln. Doch fast 1 Woche nach unserer Ankunft erleben wir eine unangenehme Überraschung, als wir, von einer unserer Exkursionen zurückkehrend, von anderen Männern erwartet werden, zweifellos Milizionäre oder Beamte, auch sie mit Kalaschnikows bewaffnet. Sie sind eindeutig nicht gekommen, um unsere Eindrücke von den unterirdischen Schönheiten der Region zu erfahren, sondern um uns aufzufordern, schleunigst die Zelte abzubrechen. Knappe Befehle auf Turkmenisch, deren Bedeutung wir leicht begreifen, treiben uns zur Eile. Per Lkw gelangen wir in nächtlicher Fahrt zum Bahnhof. Einige Stunden später verlassen wir Turkmenistan, wie wir gekommen sind: heimlich per Zug.

Rémy Wenger

◀
Nestförmig angeordnete Gipsnadeln am Boden der Geophyzicheskaya-Höhle. Das extrem zerbrechliche Gebilde bewegt sich bereits beim geringsten Lufthauch. Das »Nest« hat einen Durchmesser von ungefähr 20 cm.

▶ ▶
Blick in ein großes rundes, in einer Gipsausfüllung entstandenes Loch, dessen Wände vollständig mit Kristallen überzogen sind (Hushm-Oyeek-Höhle).

Im Inneren des Vulkans

Wie Schafe unter Schafen steigen wir 3 Höhlenforscher auf dem Aeropuerto Reina Sofia aus dem Charterflugzeug nach Teneriffa. Zunächst vom Strom der Sand und Sonne suchenden Touristen mitgerissen, verlassen wir unsere Gruppe und die freundliche Animateurin unserer Billigreiseagentur.

Rasch das Gepäck in der Sardinenbüchse deponierend, einer Dreingabe zum Flugticket, kehren wir den überlaufenen Stränden den Rücken, um die Hänge des mythischen Teide zu erklimmen, wo wir uns eher zu Hause fühlen.

Unsere Reise verfolgt ein ungewöhnliches Ziel: Wir wollen die Lavaröhren erkunden, die an den Flanken der mächtigen Vulkane entstanden, denen dieser Archipel seine Existenz verdankt. Nach einem Marsch über Felder aus erstarrtem Basalt erreichen wir in knapp 2800 m Höhe die dunkle Öffnung der Cueva de Roque Blanco. In die Schattenzone hinabgeklettert, genießen wir die relative Kühle. Doch der Besuch der Höhle erweist sich als Enttäuschung, da es rasch nicht mehr weitergeht. Also Abteilung kehrt und Kurs auf die Cueva del Viento. Mehr als 18 km dieser an der Nordflanke der Insel gelegenen Höhle wurden bereits von spanischen Kollegen erkundet; somit handelt es sich um eine der weltweit längsten Lavaröhren. 6 Öffnungen sind bekannt. Wir wählen die am leichtesten zugängliche, und unsere Reise in den Vulkan kann beginnen.

▶ *Eingang zur Cueva de Roque Blanco an den Flanken des Vulkanbergs Teide (3717 m) auf Teneriffa.*

Eingeweide aus Basalt

Im Gegensatz zu im Kalkstein entstandenen Hohlräumen gestaltet sich die Befahrung von Vulkanhöhlen recht eintönig. Faszinierend sind sie trotzdem, wenn man bedenkt, dass sie ihre Existenz Vulkanausbrüchen verdanken. Hier gibt es keine Schächte oder unerwarteten Mäander, keine plötzlichen Richtungswechsel, sondern mehr oder weniger regelmäßig geformte Gänge. Man hat den

Auf Hierro gelangt man dank begrenztem Versturz der Basaltkruste in die Cueva de Don Justo.

Eindruck, sich in einer Art Blutgefäß zu bewegen. Hier und dort erreicht man Gabelungen, wo weitere gewundene Arterien ankommen – oder abzweigen, je nachdem. Eine weitere Besonderheit der Lavaröhren: das fast vollständige Fehlen von Gesteinsspalten. Man bewegt sich quasi in hermetisch dichten Röhren, zumindest hat man diesen Eindruck. Kaum ein Lufthauch und keine Gerinne an den Wänden. Dafür lassen Spuren von Lavaströmen kaum Zweifel daran, wie diese Röhren entstanden sind: Wenn der Nachschub an flüssiger Lava versiegt, entleert sich der Tunnel, und es bleiben nurmehr die erstarrten Wände zurück. Dennoch muss erst die Tunneldecke einstürzen, um einen Zugang zu ermöglichen.

Unter den Höhlen, die nicht im Kalkstein gebildet wurden, zählen die Vulkanhöhlen zu den größten. Die Cueva del Viento ist auf einer Tiefe von mehr als 500 m befahrbar! Lavaröhren wurden in aller Herren Länder entdeckt und erforscht, in Kenia, Mexiko, den Vereinigten Staaten, Japan, Réunion etc. Manche dieser Röhren werden ganz oder teilweise mit Meerwasser erfüllt. Ein Beispiel ist der Atlantida-Tunnel im Nordosten der Insel Lanzarote. Er wurde 1986 auf über 1500 m unter Wasser von einer internationalen Expedition erkundet. Dabei entdeckte man rund 30 absolut eigentümliche Tierarten, die von der außergewöhnlichen Mischung mariner und subterraner Einflüsse profitieren, darunter auch *Munidopsis polymorpha,* ein kleiner, blinder Albino-Krebs.

Dieser Gang in der Cueva de Don Justo zeigt das für Lavaröhren typische regelmäßige gerundete Profil. Während ihrer Entstehung platzte das abkühlende Magma auf – heute beim Kriechen eine für Knie und Ellbogen ziemlich unangenehme Angelegenheit!

Lavaröhren sind gewiss die ersten auf unserem Planeten entstandenen Hohlräume, lange bevor es überhaupt Sedimentgesteine gab. Und noch eine

Stafiliten in der Cueva de Don Justo – eine Form von Tropfgebilden, die man nur in Lavahöhlen findet. Wenn bei einem Vulkanausbruch ein Lavastrom durch Deckenspalten in eine bereits bestehende Röhre tropft, bilden sich diese speziellen Stalaktiten und Stalagmiten.

Besonderheit: Es gibt sie auch auf dem Mond! Von Apollo 15 gemachte Aufnahmen zeigen eine Rille, die den Lavaröhren an den Flanken des Vulkans Mauna Loa auf Hawaii zum Verwechseln ähnelt. Wann wird wohl eine speläovulkanologische Expedition zum Mond aufbrechen?

Auf Hierro, der westlichsten Kanareninsel, erkunden wir die Cueva de Don Justo. In den engen Röhren kommen wir meist nur kriechend voran, und angesichts eines Bodens aus spitzer Lava sind Knie- und Ellbogenschoner höchst nützlich. In einem geräumigeren Gang entdecken wir Stalaktiten ganz besonderer Art: sogenannte Stafiliten, die innerhalb weniger Minuten während einer Eruption entstanden, als die Röhre bereits existierte. Flüssige Lava gelangte durch Spalten ins Innere der Röhre, um dort rasch zu erstarren.

Nachdem wir uns an den unterirdischen Landschaften satt gesehen haben, setzen wir nach Hierro über, einer zum Glück vom sonst überall auf diesem Archipel anzutreffenden Massentourismus verschonten Insel, um die Schönheit der äußeren Natur und die Ruhe der kleinen Fischerdörfer zu genießen.

Rémy Wenger

Vorstoß ins Herz der Gletscher

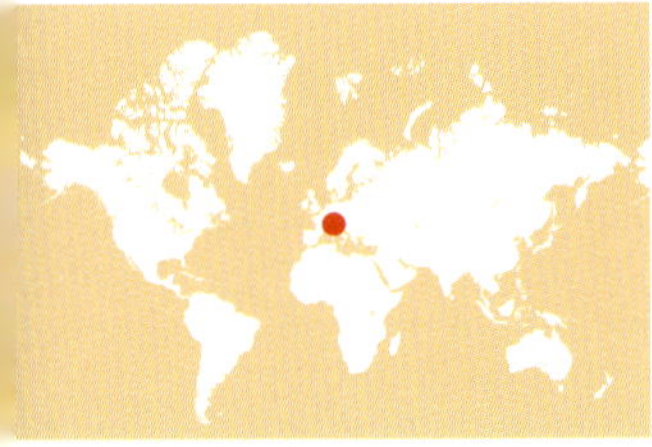

Aus der Vogelperspektive gleicht der mit Trichtern übersäte Gorner-Gletscher einem Schlachtfeld. Dieser Umstand musste die Speläologen einfach neugierig machen. So sind sie seit den 1980er-Jahren bemüht, diesen Löchern buchstäblich auf den Grund zu gehen.

Umgeben von Gipfeln, die zu den höchsten der Schweizer Alpen zählen, thront der Gorner-Gletscher über Zermatt. Vom Frühling bis zum Herbst lassen die Schneeschmelze und das Abtauen des Gletschers Rinnsale entstehen, die zu richtigen Flüssen werden können. Diese Schmelzwasserrinnen erreichen jedoch weder die Flanken noch die Stirn des Gletschers. Vielmehr verlaufen sie in großen Mäandern über der Gletscherzunge, um in Schlucklöchern – den Gletschermühlen – von der Oberfläche zu verschwinden und ihren Weg durch vom Wasser geschaffene Spalten fortzusetzen, die sich zu veritablen Schachthöhlen erweitern können.

An einem schönen Herbsttag bietet sich uns ein grandioses Schauspiel, wenngleich unsere Freude, den majestätischen Gipfeln nahe zu sein, durch das schwere Gepäck ein wenig getrübt wird. Dufourspitze, Liskamm, Breithorn, Matterhorn, Obergabelhorn – von welch klangvollen Namen wir umgeben sind! Doch wir sind nicht zum Bergsteigen hier. Unser Ziel sind jene kreisförmigen dunklen Löcher, die man erreicht, indem man den Schmelzwasserrinnen folgt. Unterwegs kommen uns einige Gipfelstürmer entgegen. Ihr Blick spricht

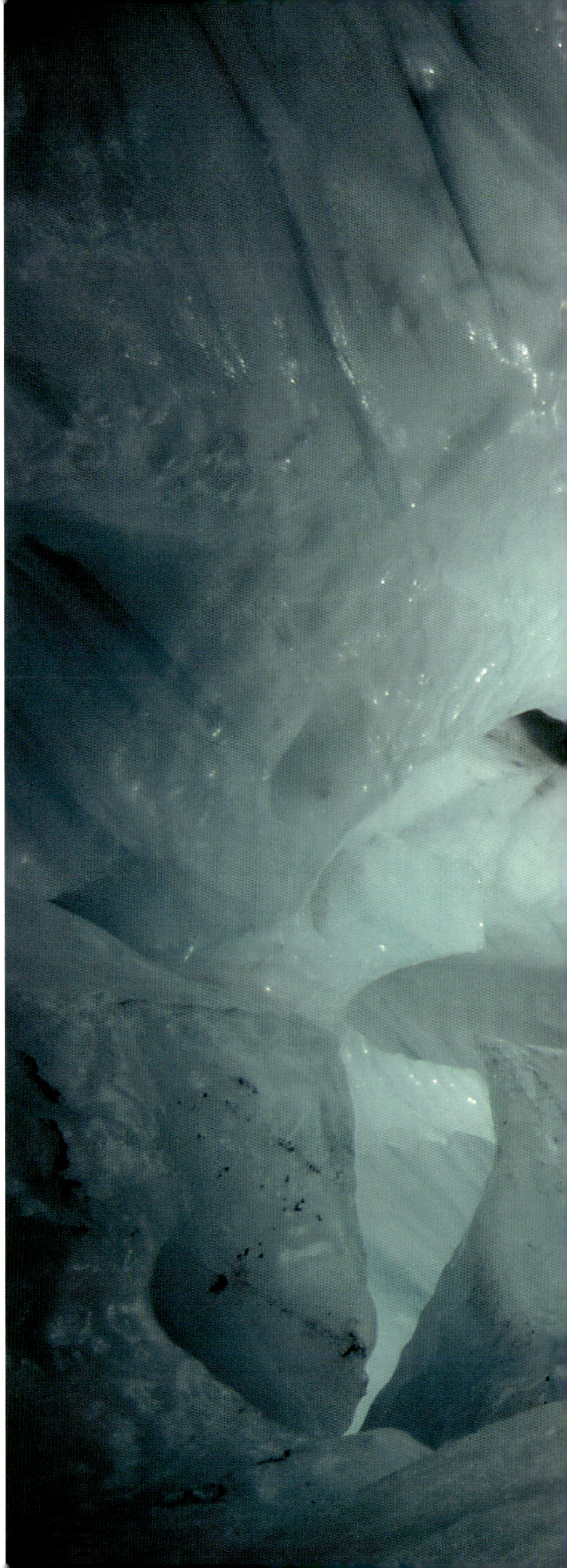

▶ *Blick in die Tiefen der Grand Moulin im Mer de Glace. Im Sommer hat das abfließende Wasser einen Spalt in einen 80 m tiefen Abgrund verwandelt.*

▶ *Wie jeder Gletscher mit einer ebenmäßigen Oberfläche und eher geringem Gefälle bietet auch das oberhalb von Chamonix gelegene Mer de Glace günstige Voraussetzungen für die Entstehung von Gletschermühlen.*

Bände. Ja, ist schon klar: Merkwürdige Typen, diese Speleos. Lassen die hohen Gipfel links liegen und haben nichts anderes im Sinn, als in die Tiefen des Gletschers hinabzusteigen.

◄◄
Vom nächtlichen Versiegen des Wassers profitierend, kann der Abstieg in eine Schachthöhle des Oberaletsch-Gletschers (Wallis, Schweiz) beginnen. Bedingt durch den Wechsel der Jahreszeiten und das Vorrücken des Gletschers wird sie in der nächsten Saison schon nicht mehr existieren.

Abtauchen in ein blaues Meer aus Eis

Inzwischen stehen wir vor dem Abgrund, in den sich der Gletscherbach mit einem Höllenlärm ergießt. Es ist Nachmittag, also die Tageszeit mit der größten Schüttung. Wir werden bis zum Abend oder gar bis zum frühen Morgen warten müssen, um bei nächtlichem Niedrigwasser hinabsteigen zu können, ohne dass wir das Wasser fürchten müssen. Mit Anbruch der Nacht fällt die Temperatur, und die Wassermassen gehen auch bald zurück. Nun noch ein kurzes Nickerchen, um vor Sonnenaufgang startklar zu sein.

Die Erkundung von Gletschermühlen kann nicht im Sommer stattfinden, da dann die Wassermassen zu groß und die Hohlräume noch nicht groß genug sind. Vielmehr wird man auf einige schöne, kühle Herbsttage warten müssen, wenngleich in dieser Jahreszeit mit Wetterumschwüngen zu rechnen ist, was in den Alpen oft zu ersten Schneefällen führt, die das Eisgehen besonders abenteuerlich gestalten. Hier gilt es, das richtige Wetterfenster zu erwischen.

◄
An der Stirnseite des Zinal-Gletschers (Wallis, Schweiz) hat sich oberhalb des subglazialen Gletscherbachs ein Hohlraum gebildet. Derartige Hohlräume sind weit weniger stabil als die im massiven Eis entstandenen, weshalb bei der Befahrung größte Vorsicht geboten ist.

4 Uhr früh. Die Lampen können aus bleiben, denn das Mondlicht ist ausreichend und lässt den Gletscher scheinbar phosphoreszieren. Thermohose und -weste, wasserdichter Overall, Bergstiefel, Gamaschen, Cape, Klettergürtel, Karabiner, Steigeisen, Eispickel, Helm, Eisschrauben, Seile – in einem Aufzug, der eines Höhlenforschers und Bergsteigers würdig ist, sind wir bereit, uns in den Abgrund hinabgleiten zu lassen. Da der Bach wie vorhergesagt über Nacht versiegt ist, wird sich unser Abstieg viel leichter und vor allem sicherer ge-

▲ *Ein Gletscherbach verschwindet im Eis, um durch ein Spaltensystem den gesamten Gletscher zu durchfließen und einige Kilometer entfernt an der Gletscherstirn wieder auszutreten (Aletsch-Gletscher, Schweiz).*

stalten. 1, 2, 3 Eisschrauben werden angebracht, und mit leicht mulmigem Gefühl nähern wir uns dem gähnenden Schlund. Ein paar Meter unterhalb des Randes wird ein Standplatz eingerichtet, dann kann es mitten in der schwindelerregenden Eisröhre hinabgehen. 20, 50, 80 m. Kurz vor dem Ziel wird die Sache durch Wasser verkompliziert, das aus einem seitlichen Spalt herausströmt. Wir müssen das Seil verlegen, um einer Eisdusche aus dem Weg zu gehen. Das Anbringen einer weiteren Schraube hat zur Folge, dass sich Spannung im Gletscher abbaut und in der Wand ein langer Riss entsteht, begleitet von einem lauten, trockenen Knall, fast wie ein Schuss!

Den Blick nach oben richtend, erkennt man die Lichter der von den Kameraden weiter oben benutzten Karbidlampen, die sich in den überraschend regelmäßigen und glatten Eiswänden spiegeln. Ihre Kompaktheit vermittelt der Höhlung eine gewisse Solidität und Stabilität. Doch der Schein trügt, denn dieser gewaltige Hohlraum ist ständig in Bewegung und wird nicht länger als ein paar Monate existieren! Anders als bei den Gesteinshöhlen ist dies ein Reich der Vergänglichkeit. Die Gletschermühle rückt mit dem Gletscher im Jahresdurchschnitt um rund 100 m vor. Im Winter oder abhängig von den Bewegungen des Gletschers wird sie zermalmt werden oder sich mit Wasser füllen.

Draußen kündigt sich die Morgendämmerung an. Immer größere Teile der Eiswände bieten ein Wechselspiel schillernder Farben, von Lila bis Türkis in sämtlichen Blautönen, was das Auge begehrt. Dabei wird diese ganze Pracht in ein paar Monaten verschwunden sein! Doch solange es Gletscher gibt, werden hier Jahr für Jahr auch immer wieder neue Höhlungen entstehen.

Rémy Wenger

▶ *Das saisonale Wechselspiel zwischen Schmelzwasser und Eis vermag ebenso bizarre wie ästhetische Formen zu erschaffen (Gorner-Gletscher, Schweiz). Ein paar Wochen später werden sie jedoch schon wieder verschwunden sein.*

▶ *Der Herbst bietet die besten Voraussetzungen für die Erkundung von Gletscherhöhlen. Im Hochgebirge muss man jedoch stets mit unvermittelten Wetteränderungen rechnen, die den Erfolg des Vorhabens gefährden können.*

Sof Omar, die Königin Afrikas

Flughafen Addis-Abeba, 1. April 1994. Nein, wir sind nicht zum reinen Vergnügen hier, sondern wegen eines bilateralen touristischen Entwicklungsprojekts für ein Dorf in der Region Oromo im Süden Äthiopiens.

Kurz nach der Ankunft starten wir mit 2 Geländewagen, die unsere äthiopischen Partner uns freundlicherweise zur Verfügung gestellt haben. Welch ein Luxus! Wir fahren nach Süden bis Shashemene. Kurzer Blick auf Seen vor einem Hochrelief, vorbei am Ostafrikanischen Grabenbruch. Dann verändert sich die Landschaft, und der Weg wird immer steiler, je mehr wir uns den Bale-Bergen nähern. Wir erreichen ein schier endloses Basaltplateau. Die monotone Fahrt wird allein durch zahlreiche Polizeikontrollen unterbrochen. Wo wären wir ohne unseren Freund Mulatu? Schließlich geht es auf holpriger Strecke hinab zum Dorf Sof Omar. Unter dem schwarzen Basalt erscheint blendend weißer Kalkstein – da wären wir also im Land der Höhlen!

Im Dorf großer Empfang. Lange Ansprache des alten Scheichs, der uns eine noch im Bau befindliche, doch fast fertige Hütte überlässt. Wir richten uns ein und bringen die Vorräte vor den Affen in Sicherheit, bevor wir dem Reiz des Ortes erliegen und die ersten Fotos machen: Fluss, Makaken, Schliefer, Höhleneingang, Frauen bei der Wäsche und Kinder, die zwischen 2 Kamelen und einem Esel baden, welche zum Trinken und Wasserlassen gekommen sind . . .

▶ *Blick von einem fossilen Gang in der Sof-Omar-Höhle auf den Web-Fluss.*

Geflügelte Horden

Gleich am nächsten Tag geht es unter die Erde, indem wir dem Web-Fluss folgen, der in Ayu Maco verschwindet, um in einer Entfernung von 1300 m Luftlinie in Holuca wieder aufzutauchen. Majestätische Gänge mit kreideweiß leuchtenden Wänden und leichtes Vorankommen. Dennoch sind wir

▼ *Eine kleine Karawane durchstreift den Nationalpark Bale auf der Suche nach noch nicht erforschten Höhlen.*

◀
Die Sof-Omar-Höhle besteht aus einem riesigen System von Gängen, die kreuz und quer um eine Hauptachse mit ihrem Höhlenfluss verlaufen.

froh, den Sohn des Scheichs dabeizuhaben, damit wir uns in dem verzwickten Labyrinth nicht verirren. Krokodilen, wie sie der Engländer Robson 1967 erwähnte, begegnen wir nicht. Dafür kommen wir in puncto Höhlenfauna nicht zu kurz: Tausende Fledermäuse sind in der Höhle zu Hause und haben ansehnliche Mengen von Guano geschaffen, in denen es vor Kleinstlebewesen nur so wimmelt. In der Abenddämmerung wie im Morgengrauen demonstrieren uns unzählige zur Jagd aufbrechende und zur Rast zurückkehrende Fledertiere ihre beachtlichen Flugkünste im Gedränge der Hauptverkehrszeit.

Nach dieser ersten Kontaktaufnahme machen wir uns systematisch an die Arbeit. Überzeugt von der unerreichten schweizerischen Präzision haben wir beschlossen, mit der Vermessung bei null zu beginnen, zumindest was den Hauptkanal angeht. Robsons Zeichnung ist gewiss reizvoll, aber unvollständig. Die englische Cave Research Group erwähnt einige Jahre später zwar 15 Gangkilometer, doch die Karte ist sehr grob. Die zu Zeiten des Genossen Mengistu durchgeführten Arbeiten des »großen sowjetischen Bruders« blieben unveröffentlicht, und das wenige, das wir davon kennen, erinnert eher an Pläne aus dem Städtebau. Überdies bereiten sie uns einiges Unbehagen, denn sie sind Teil einer auf die Förderung des Massentourismus abzielenden Studie, mit unterirdischen Betonmassen und Hotelbauten in der Umgebung.

Wir indes sehen die Höhle mit ganz anderen Augen, nämlich mit Respekt für die unverfälschte Natur, die gerade den Reiz dieses Ortes ausmacht. Daher wollen wir versuchen, innerhalb von 2 Wochen Argumente für einen sanften Tourismus zusammenzutragen, um die märchenhafte Atmosphäre und Ursprünglichkeit der Höhle für künftige Besucher zu bewahren – ganz ohne pompöse Beleuchtung und Massenabfertigung. So hoffen wir,

▲
Nachdem er mehr als 1 km unter der Erde zurückgelegt hat, tritt der Web-Fluss in Holuca wieder ans Tageslicht.

dass der unterirdische Abschnitt des Web-Flusses seine Natürlichkeit bewahren und den Dorfbewohnern ein bescheidener, doch dauerhafter Gewinn zuteil wird.

10 Jahre später kehrt ein anderes, teilweise aus »Wiederholungstätern« bestehendes Team in das Dorf mit seinen Rundhütten aus Reisigwänden und Strohdächern zurück. Neuer Ortsvorstand ist Hussein, der Sohn des verstorbenen Scheichs: herzlicher Empfang, mannhafte Umarmung. Im Schatten einer Hütte versammelt, breiten wir den einige Jahre zuvor begonnenen Höhlenplan aus und erläutern unsere Absicht, ihn zu vervollständigen. Der Chef scheint zu denken: Was diese Fremden nur für komische Dinge im Kopf haben.

Typisch für diese Breitengrade, wird es unvermittelt Nacht, unsere Gastgeber ziehen sich zurück, und wir schlafen ein – nach der üblichen, doch zwecklosen Jagd auf Kakerlaken. In der Früh bereiten wir unsere Ausrüstung vor . . . und begreifen, dass die Dinge nicht so einfach liegen, denn Scheich Hussein ist nicht einverstanden, dass wir unentgeltlich unter die Erde gehen. Ja, unsere Empfehlungen von vor 10 Jahren werden genauestens befolgt: keine Bauten, keine Erschließung, doch unmittelbarer wirtschaftlicher Nutzen für die Einheimischen! Wir hätten nicht geglaubt, dass man uns nun aufgrund unserer Herkunft für betuchte Touristen hält und nicht für uneigennützige Forscher. Letztlich werden wir uns aus purer Nostalgie mit einem einzigen Besuch begnügen und lieber andere Höhlen in der Region erkunden.

Jean-Claude Lalou & Rémy Wenger

▶▶
Mit rund 15 km Gangstrecke ist die Sof-Omar-Höhle eine der längsten Höhlen Afrikas. Der Hauptgang (links) erreicht stellenweise gewaltige Dimensionen. In einem Gang (rechts) haben sich Fledermäuse niedergelassen, die einen gellenden Lärm verursachen. In Trauben herabhängend, scheinen sie mit den Rissen in der Decke zu verschmelzen.

Im Paradies der Kristallhöhlen

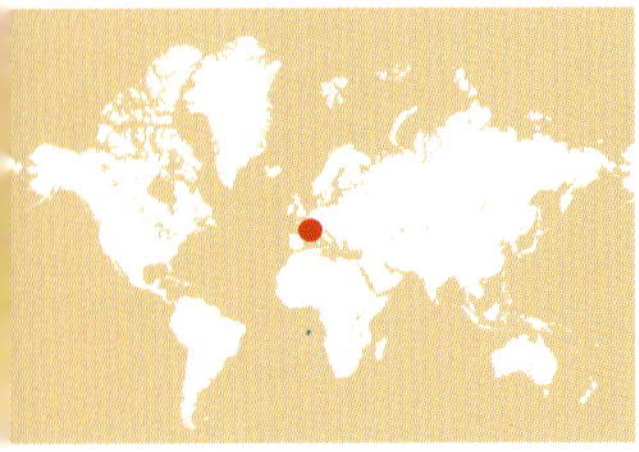

▼ *Aragonitkristalle zieren die Wand einer erst kürzlich entdeckten Höhle. Rücksichtsloses Verhalten könnte innerhalb weniger Jahre dazu führen, dass diese Naturschönheiten entstellt oder gar zerstört würden.*

Von dem für die Region typischen kalten Nordwestwind durchgerüttelt, klettern wir auf den Illouvre-Hügel im oberen Languedoc. Unsere Freunde vom Speleo-Club Béziers führen uns zur Grotte de Pousselières, deren versteckt gelegener Eingang durch eine massive Tür versperrt ist.

Ein gefährlicher Abstieg mitten in einem gewaltigen Haufen von Felsblöcken wartet auf uns. Nach luftiger Kletterei mit wilden Verrenkungen gelangen wir in 80 m Tiefe schweißgebadet in einen geräumigen Gang, in dem das sympathische Plätschern eines Bachs vernehmlich ist. Zur Aufmunterung erklärt uns Dominique, dass sich das Vorankommen ganz zu Anfang noch viel beschwerlicher gestaltete, da mehrere Durchgänge erst später erweitert wurden, um die Befahrung zu erleichtern. Schwer zu sagen, was Dominique & Co. überhaupt motiviert hat, die heikle Erkundung des eigentlich uninteressanten Versturzes um jeden Preis fortzusetzen. Sie waren weder einem unterirdischen Gerinne gefolgt noch einem Luftstrom, der auf eine größere Höhle hingedeutet hätte. Vom Entdeckergeist getrieben, versuchten sie einfach, noch weiter in den Berg vorzudringen. Diese Beharrlichkeit sollte sich auszahlen. Nach mehrjährigen Bemühungen gelangten sie am Grund des riesigen Trichters schließlich zu einem echten, großen und vielversprechenden Gang. So konnten mehrere Kilometer erkundet werden.

▶ *Konkretion aus korallenförmigem Aragonit (bestehend aus 3 Kristallschichten) an der Decke der sogenannten Galerie des Super-blanches in der Grotte de Malaval (Lozère). Der Durchmesser des Gebildes beträgt rund 20 cm.*

◀ Die »Spinne« in der Grotte de Pousselières. Ausgehend von einem schraubenförmigen Aragonitstumpf entstanden mehrere Zweige, die jeweils einen eigenen Ablaufkanal besitzen.

▶ Feine Kalzitkristalle in der Grotte d'En Gorner (Pyrénées-Orientales).

▶ Kalzitstalagmiten in der Salle des Treize, Gouffre Berger (Isère).

▶▶ Monokristalline Stalaktiten in der Galerie des Sabres des Aven d'Orgnac-Issirac. Zur Entstehung der auffälligen Knicke haben sicher auch Luftströmungen beigetragen.

Glitzernde »Spinnen«

Da auch wir die Freude erleben sollten, die ihnen bei ihrem ersten Vorstoß zuteil wurde, ließen uns die Bézieraner liebenswerterweise den Vortritt beim Betreten eines der Säle. Noch eine letzte Kriechstrecke und wir heben den Kopf. Spinnenförmige Sinter hängen wie glitzernde Trauben reihenweise an den bräunlichen Wänden. Die Kristallisationen bestehen aus einer Mischung von nadeligem Aragonit und Sinterröhrchen – eine Form von Speläothemen, die weltweit praktisch einzigartig ist!

Wie konnten sich diese so besonderen Gebilde in einem einzigen Saal konzentrieren? Warum findet man sie nicht in den benachbarten Höhlen? Nur 2 von vielen Fragen, mit denen wir unsere Kollegen aus Béziers löchern. Ein kundiger Wissenschaftler würde uns vielleicht schlaue Erklärungen liefern, doch stehen wir nicht im Grunde dem Außergewöhnlichsten gegenüber, das die Natur bereithält, einer nahezu unendlichen Vielfalt an Farben und Formen, die uns anzurühren vermag?

In Südfrankreich ist die Grotte de Pousselières bei Weitem nicht die einzige Höhle mit einem außergewöhnlichen Mineralreichtum. Der Aven Armand, der von Orgnac-Issirac oder auch die Grotte de Clamouse bieten dem Touristen einen ersten Eindruck von der regionalen Wunderwelt der Kristalle. Auf ihren Erkundungen stoßen die Speläologen mitunter auf Höhlen mit prächtigen, ja einzigartigen Sintern, die angemessene Schutzmaßnahmen notwendig machen.

Während wir noch die »Spinnen« von Pousselières bewundern, erläutern uns die Kollegen die Problematik bedeutender Entdeckungen wie der ihrigen. Es gilt eine Lösung zu finden, die irgendwo zwischen einer sofortigen und endgültigen Schließung und dem freien Zugang für alle liegt und die zugleich den Bedürfnissen der Landbesit-

zer, der Speläologen und der Höhle selbst Rechnung trägt. In Zusammenarbeit mit Eigentümern und Staat sorgt der Französische Verband für Speläologie dafür, dass die Speleos weiterhin Zutritt haben, dabei über die Einhaltung strenger Verhaltensregeln wachend, um die Bewahrung der mineralischen Reichtümer zu garantieren. In Pousselières etwa sind an heiklen Stellen Karbidlampen verboten. Sonst würden die makellosen Stalaktiten früher oder später durch Rußflecke verunziert.

Es versteht sich von selbst, dass neue, reich verzierte Höhlen nicht nur Begeisterung auslösen können, sondern auch Interessenkonflikte oder gar merkantile Gelüste. Daher hat der jüngste Fund größerer, reich verzierter Verlängerungen einer Höhle in den Grands Causses die Entdecker zur mehrjährigen Geheimhaltung veranlasst. Sobald sich die Kunde verbreitete, wurde eine Tür installiert und Wegmarkierungen in den Gängen angebracht, um die von den Besuchern hinterlassenen Spuren drastisch einzuschränken. Die Entdecker sind sich ihrer Verantwortung für die empfindliche Höhle bewusst und versuchen nun dafür zu sorgen, dass sie weiterhin zugänglich ist und zugleich die notwendigen Schutzmaßnahmen getroffen werden. Eine bisher gemeisterte Herausforderung – doch auch langfristig?

Rémy Wenger

◄
Kalzitkristalle (»Schweinezähne«) säumen ein Loch, das das Wasser in die Gangsohle gegraben hat (Höhle im Aveyron).

►
Sträuße aus nadeligem Aragonit an einer blauen Marmordecke in einer unter Schutz stehenden Höhle in Südfrankreich.

◄
Aragonit-Ausblühung am Lehmboden (Höhle im Aveyron).

Tauchen in den Höhlen der Maya

Expeditionen nach Yucatán haben etwas Exotisches an sich: Tequila, Räuber und Gendarm, Musik und die Kunst der Siesta. Nicht zu vergessen der Dschungel mit seinen Gefahren in Form von Jaguaren, Krokodilen und Killerwespen.

Die Küste von Yucatán wird intensiv bewirtschaftet. Ein Hotel reiht sich ans nächste, um der Touristenflut beizukommen. Doch nur 1 km vom Meer entfernt ist man bereits im tropischen Dschungel. Erste Schneisen wurden in den Wald geschlagen, um für die in der Tourismusindustrie Beschäftigten schlichte Pueblos zu errichten. Durch die Preisexplosion für Küstengrundstücke bestätigt, pocht man extrem auf seine Rechte als Grundbesitzer. Wer eine Höhle aufsuchen will, tut folglich gut daran, erst um Erlaubnis zu bitten, falls man nicht schnurstracks im Gefängnis landen will!

Die Ebene von Yucatán ist eine große, leicht schräge Plattform. Flüsse gibt es hier keine, denn das Regenwasser versickert sehr rasch im Kalkstein, um am Meeresrand wieder auszutreten. Der Grundwasserspiegel ist leicht über zahlreiche Schachthöhlen erreichbar, die Cenoten (von »d'zonot« in der Sprache der Maya).

In den 1970er-Jahren wurden die Cenoten der Ostküste von US-amerikanischen Tauchern entdeckt. Das Naranhal-System lieferte innerhalb von 10 Jahren 20 km an überschwemmten Gängen. Damals war an ein Überschreiten der Unterwassermarke von 5 km noch gar nicht zu denken. Damit war dieses vollkommen überschwemmte Höhlensystem das weltweit längste seiner Art.

Die Franzosen begannen 1995 mit ihren Tauchexpeditionen im Dschungel von Yucatán und sollten innerhalb weniger Jahre eine Gangstrecke von 150 km entdecken, rund 100 km davon unter Wasser. Als das Team von 2002 erkrankte, sah sich der Expeditionsleiter ganz auf sich gestellt. Nachstehend einige Auszüge aus seinem Logbuch, die eine Vorstellung von den Verhältnissen vor Ort vermitteln sollen.

▶ *Eingang der Cenote Taj Mahal. In dem Ganglabyrinth wurden bereits über 10 km von Tauchern erkundet.*

▶ *Die karibische Küste von Yucatán aus der Vogelperspektive. Die schöne Landschaft und Fundstätten mit den Resten von Bauwerken der Maya führten zur Errichtung eines Freizeitparks. Auf einer Länge von 8 km erkundet, treten 2 unterirdische Flüsse in der Caleta de Xel Ha an die Oberfläche.*

12. Oktober

Unser Führer, der Maya Antonio, trifft am Mittag ein. Wir brechen gleich zu der Cenote auf, von der er mir vorgestern berichtet hat. Anmarsch durch den Dschungel mit vollem Gepäck: Antonio mit der Machete voran und ich mit 45 kg auf dem Rücken hinterher.

Die Ausrüstung besteht vor allem aus 2 Druckluftflaschen (Doppelgerät oder kurz: Bi) mit 200 Bar, versehen jeweils mit einem Manometer und Atemgerät. Nicht zu vergessen die Rolle mit dem Ariadnefaden (ein netter Verweis auf Mythen und Labyrinthe), ohne den man sich garantiert verirren würde!

In gut 1 Stunde schaffen wir knapp 1 km. Ich bewundere Antonios Orientierungsvermögen. Wir gelangen ganz ohne Umweg direkt zur Höhle. Sehr schöner Eingang. Über einen Versturz von 25 mal 15 m gelangt man in einen mächtigen Gang mit je einer Wasserfläche am berg- und talseitigen Ende. Massive Sinter zieren die Höhle. Einige Mäuerchen zeigen, dass man früher sein Vieh hier untergebracht hat.

Ich bereite alles vor und tauche in das südliche Becken. Unter meinen Lampen erscheint ein enormer überschwemmter Gang, 25 m breit und 6 bis 8 m hoch. Ich bin schnell auf 15 m Tiefe. In dem kristallklaren Wasser habe ich das Gefühl, ein Feld aus Stalagmiten und Säulen zu überfliegen. Nach 200 m tauche ich auf. Der Gang setzt sich fort, zur Hälfte unter Wasser stehend. Ich stelle mein Bi auf einen Versturzblock und schwimme los. Fledermäuse hier. Nach 300 m zwingt mich ein Sinterwall, das Wasser zu verlassen und mich durch einige Engstellen zu winden. Halt bei einem weiteren Siphon. Öffnungen in der Decke lassen einige Lichtstrahlen herein. Die vom Wasserspiegel zurückgeworfenen Lichter tanzen auf den weißen Sintern. Einfach zauberhaft!

Ich hole die Flaschen. Nun sind die Engstellen erst recht mühsam. Abtauchen und endlich wieder schwerelos. Runter auf –10 m über eine große Sandböschung. Ein mächtiger Versturz blockiert den Weg. Hoher Luftverbrauch bei mehreren Versuchen, zwischen den Blöcken durchzukommen. Nach 45 Minuten eine Engstelle, noch eine und eine weitere, und dazu noch abgehalftert. Befinde mich nun vor einer sehr schmalen Dachluke mit einer großen Höhlung dahinter. Das Bi passt leider nicht durch. Bräuchte andere Ausrüstung. Rückkehr.

Wenn ein überschwemmter Gang für den in voller Montur tauchenden Speläonauten zu eng ist, wird abgehalftert (eine elegante Formulierung für die Verrenkungen, um seine gesamten Gerätschaften ohne Verheddern über Kopf abzulegen) und das Gerät vor dem Körper durchgeschoben.

Rückkehr in den großen Ausgangssaal und Beginn der Vermessungen in nördlicher Richtung.

Dort führt ein See zu einem überschwemmten Abhang aus angespültem Sand. Etwas Luft ist noch vorhanden. Tauche hinab, obwohl ich mir nicht viel davon verspreche. Drücke etwas gegen den Sand, der sich zwischen Decke und Anschwemmung geschoben hat. Nach ein paar Minuten ist ein Durchlass geschaffen und ich kann bis auf 10 m Tiefe hinunter. Stoße auf einen großen, 25 m breiten und 8 m hohen Korridor ohne Sinter. Lege 140 m zurück und kehre bei 40 Bar in jeder Flasche um. Geht noch weiter! Riesig! Muss noch einmal wiederkommen.

◄ *Wegen der weiten Entfernungen, die man in den Cenoten (hier: Altar Maya) zurücklegen muss, sind die Vermessungsarbeiten lästig, doch unerlässlich. Beim Tauchen bildet der sorgfältig abgelesene Ariadnefaden die Grundlage der Messungen, die mithilfe von Kompass und Tiefenmesser vervollständigt werden.*

13. Oktober

Der gestrige Anblick hat mir süße Träume beschert. Der erspähte Gang muss gewaltig sein. Wollte erst keine Ersatzflasche mitnehmen, um unabhängiger zu sein. Da ist doch was im Busch!

Bin am Mittag wieder am Rand des Siphons. Vorher bei Hitze und Regen die Geräte in 2 Durchgängen herangeschleppt. Tauche los. Erreiche den Endpunkt vom Vortag und beginne den Faden abzuspulen.

Nach rund 15 m wird die Decke zunehmend niedriger, bei gleichbleibender Gangbreite. Leicht beunruhigt sehe ich, wie sich die Decke immer weiter herabsenkt. Die Flaschen fangen an zu scheuern. Nehme sie ab, stoße aber trotzdem immer mehr an. Suche einen Durchgang und platziere den Ariadnefaden sorgfältig, da ich genau auf dem gleichen Weg zurückkehren muss. Bald ist eines klar: Weiter geht es nur durch eine Lücke von 20 x 20 cm. Nein, danke! Ein paar Meter weiter hinten verspottet mich ein weißer Fisch!

Rückkehr enttäuscht und frustriert unter dicken Regentropfen und schwer bepackt wie ein Esel, nachdem ich heute nur 120 Gangmeter erkundet habe.

Christian Thomas

In der Kühle borealer Höhlen

Seit rund 20 Stunden unterwegs, haben wir nichts dagegen, aus dem überheizten Zug zu steigen, der uns in die Küstenstadt Archangelsk ungefähr 1000 km nördlich von Moskau gebracht hat. Rasch die Rucksäcke in einen Minibus geladen und auf zum Belomorsko-Plateau und den Pinega-Höhlen unweit des Weißen Meers.

Etwa 200 km nordwestlich von Archangelsk tauschen wir den Bus gegen Skier. Auf überraschend pulverigem Schnee, in dem wir munter versinken, doch gut vorankommen, geht es in den eiserstarrten Wald. Ein echtes Postkartenmotiv! Es ist Anfang März, und durchweg herrschen Minusgrade, die jedoch nicht mit dem strengen Frost der Wintermitte vergleichbar sind. Der ideale Zeitpunkt für einen Besuch der Pinega-Höhlen. Im Sommer nehmen die sich zwischen waldigen Hügeln windenden Flüsse hier und da einen unterirdischen Verlauf, um nach mehreren Hundert Metern wieder an die Oberfläche zu gelangen. Ein Teil der Gänge liegt dann unter Wasser, weshalb sich die Befahrung der Höhlen in dieser Jahreszeit schwierig gestaltet. Mit Beginn der kalten Jahreszeit geht das Wasser zurück, Luft und Wasser kühlen sich ab, und die Höhlenseen frieren allmählich zu. Gleichzeitig führt das geheimnisvolle Wechselspiel von Kälte, Feuchte, Luftströmungen und den wenigen entlang den Wandspalten noch fließenden Gerinnen zur Entstehung prächtiger Eiskristalle. Merkwürdig ist nur, dass wir an manchen Stellen gleichzeitig Eisstalaktiten und durchaus muntere Höhlenflüsse vorfinden.

Die Pinega-Höhlen bildeten sich im Gips, einem stark löslichen Gestein. Unterirdische Hohlräume entstehen im Gips weitaus rascher als im Kalkstein. Die uns begleitenden Kollegen aus Archangelsk sind stolz, uns die Früchte ihrer Arbeit präsentieren zu können. Sie schätzen, dass sich die Gänge, in denen wir unterwegs sind, alle 100 Jahre um fast 10 cm vergrößern! Da sie dicht unter der Oberflä-

▶ *Kondensationskristalle an der Decke von Muzeyskaya.*

◀
Der unterirdische Fluss der Lomonosovskaya-Höhle friert im Winter zu. Nach und nach bildet sich eine fast 1 m dicke Eisdecke. Wie in einem Sandwich zwischen 2 Lagen aus durchscheinendem Eis eingeklemmt, hat eine feine, dahingewehte Schneeschicht abstrakte Formen gezeichnet.

che verlaufen, ist die Wahrscheinlichkeit groß, dass sie in wenigen Jahrtausenden verschwunden sein werden – für den Geologen ein sehr kurzer Zeitraum.

Ein feines weißes Pulver

An vielen Stellen stoßen wir auf ein feines weißes Pulver, das ein rätselhaftes Gebläse auf die zugefrorenen Seen geweht zu haben scheint. Sein Ursprung lässt sich so erklären: Wenn das mit gelöstem Gips befrachtete Wasser im Winter gefriert, stößt es die gelösten Stoffe ab, die nun winzige weiße Gipskristalle bilden. Das Eis selbst ist jedoch vollkommen transparent.

Boreale Höhlen strahlen eine ganz spezielle Atmosphäre aus. Wegen des strengen Frosts ist ihre Luft trocken und damit angenehm. Die Szenerie bietet immer wieder Grund zum Staunen. Hier ein mandelförmiger Gang, verziert mit großen, trüben Eissäulen über einem grünlich spiegelnden Fluss. Dort an einer Decke eine glitzernde Galaxie aus formvollendeten Eiskristallen. Als Fotograf weiß man gar nicht, wo man hinsehen soll. Das Verlangen, diesen Ort auf Bildern festzuhalten, ist einfach unwiderstehlich. Doch die Höhlenfotografie ist eine Teamleistung, wenngleich den Helfern die langwierigen Aufnahmen nicht immer sehr angenehm sein mögen. Die Stunden verstreichen, die Kälte wird immer unerträglicher, und von zunehmender Ungeduld zeugende Bemerkungen kommen schließlich auch dem eifrigsten Fotografen zu Ohren. An dieser Stelle möchte ich den Hut vor all jenen Kameraden ziehen, die bei den Aufnahmen behilflich sind. Ohne sie wären komplizierte Arrangements mit mehreren Blitzgeräten gar nicht möglich.

◀
Der Eingang der Kristalskaya-Höhle liegt unterhalb mächtiger Versturzblöcke. Ein paar Meter weiter unten rinnt ein unterirdischer Fluss, sogar im Winter.

Um die treuen Kollegen zu motivieren, ist die von einem gewissen Optimismus zeugende Aussicht auf tolle Bilder ein maßgeblicher Faktor. Wenn man sie dazu bewegen möchte, noch ein wenig bei der Stange zu bleiben, kann man im entscheidenden Moment aber auch eine Tafel Schokolade aus der Tasche hervorzaubern.

Zeit und Beharrlichkeit sind wichtige Voraussetzungen für überzeugende Resultate. Gleich mehrere Probleme kommen zusammen: Staub oder Lehm dringen in die Gehäuse ein, Kälte entlädt die Batterien, beschlagene Gläser trüben das Bild, und die Dunkelheit erschwert natürlich die Wahl des Ausschnitts. Unter der Erde zu fotografieren heißt häufig, dass man den Auslöser betätigt, ohne wirklich zu wissen, wie das Ergebnis ausfallen wird. Ist eine Aufnahme aber gelungen, kann man darauf eine Szenerie bewundern – dies gilt vor allem für große Räume –, wie man sie vor Ort nie gesehen hat, da die Stirnlampen ein deutlich schwächeres Licht abgeben als die Blitzgeräte. Und dies ist zugleich der Augenblick, in dem auch die Assistenten die Früchte ihrer Opferbereitschaft genießen ...

Rémy Wenger

▶▶
In der Lomonosovskaya-Höhle fällt die Lufttemperatur im Winter unter den Gefrierpunkt. Das Foto hält ein ganz besonderes Phänomen fest: Es haben sich Eisvorhänge gebildet, während der Bach weiterhin munter dahinplätschert.

Lechuguilla, ein wahres Kleinod

Wenn Höhlenforscher verrückte Träume haben, sieht das meist so aus: Sie finden sich plötzlich in einer Märchengrotte wieder, oder eine Erdfee erscheint ihnen, um mit einem Wink ihres Zauberstabs eine wunderbare Kristallwelt entstehen zu lassen.

Riesige, wild geschwungene Stalaktiten hängen von den Deckengewölben und trotzen dem Gesetz der Schwerkraft. Über einen smaragdgrünen See gebeugt, erblickt man am Grund des Wassers märchenhafte türkisfarbene Sinter. Der Rand des Beckens ist von feinen orangefarbenen und vollkommen ebenmäßigen Mineralblumen gesäumt. Noch weiter vordringend, wird man, noch ganz in die am Boden sprießenden Blumenkristalle versunken, von einem Regen aus Engelshaar überrascht, der von der Decke herabrinnt.

Beim Aufwachen ist der schöne Traum dahin. Wieder bei Sinnen, muss sich der Höhlenforscher zu seinem Leidwesen eingestehen, dass es eine solche Höhle nicht geben kann. Und doch, irgendwo am Wüstenrand im Westen der USA, existiert tatsächlich eine Höhle, die aus diesem Traum hervorgegangen sein könnte: Lechuguilla Cave. Alle, die dort waren, sind sich einig, dass ihre Schönheit unerreicht ist, und sprechen gar von der schönsten Höhle auf der ganzen Welt. Ihr unscheinbarer Eingang liegt in den Guadalupe Mountains, im Nationalpark Carlsbad Cavern im südlichen New Mexico. Das außergewöhnliche Abenteuer der Erkundung der Lechuguilla Cave begann 1986: Einigen Höhlenforschern war aufgefallen, dass den Blöcken, die den Grund des Schachteingangs versperrten, ein starker Luftstrom entwich. Nachdem sie die Passage freigelegt hatten, stand ihnen das Tor zum unterirdischen Paradies offen.

Lechuguilla zeichnet sich durch ihre besonders üppigen und vielgestaltigen Kristallbildungen aus. (Carlsbad Cavern, jene gigantische Schauhöhle, nach der der Park benannt ist und die alljährlich fast 1 Million Besucher anzieht, erscheint dagegen armselig.) Manche Gänge sind vollkommen mit Gipskristallen überzogen, in anderen wirken die

▶ *Gipsstalaktiten erreichen gewöhnlich eine Länge von ein paar Zentimetern oder allenfalls Dezimetern. Im »Saal der Kerzenleuchter« von Lechuguilla Cave kommen manche Exemplare auf stattliche 6 m, was ziemlich sicher Weltrekord bedeutet.*

▶ *In den wüstenhaften Guadalupe Mountains liegt der unscheinbare Eingang zur Lechuguilla Cave, die von zahlreichen Speläologen als schönste Höhle der Welt angesehen wird.*

◀◀
Die Wechselwirkung zwischen klassischer Höhlenbildung und dem Einströmen von Gasen aus den benachbarten Ölfeldern in das Karstmassiv rief in der Lechuguilla Cave ganz besondere, ja einzigartige Sinterformen hervor. Diese blasenartigen Gebilde entstanden durch Anlagerung einer Kalzitkruste zu einer Zeit, als der gesamte Gang unter Wasser stand.

Wände wie aufgedunsen. Jeder neu entdeckte Gang wartet mit unbekannten Formen und neuen Farbtönen auf. Stellen Sie sich etwas Verrücktes vor! In Lechuguilla würden Sie es finden . . .

Erdöllager und Gipsblumen

Innerhalb von 2 Jahrzehnten wurden bisher fast 180 Gangkilometer entdeckt. Was Lechuguilla auszeichnet, ist jedoch weniger diese sicherlich beeindruckende Zahl, als vielmehr der eigentümliche Entstehungsprozess, dem sich ihr außergewöhnlicher und weitgehend einzigartiger Mineralreichtum verdankt. Um das Warum und das Wie der Entstehung im Ansatz zu begreifen, bedarf es einiger Erläuterungen.

Die Guadalupe Mountains bestehen aus Kalkstein und Dolomit. Die Höhlen in dieser Region bildeten sich zunächst auf klassische Weise, also per Korrosion durch das im Karst versickernde Wasser. Dann aber lief in der weiten, das Kalksteinmassiv säumenden Ebene gewissermaßen etwas schief: Es kam zur Ablagerung von Sedimenten mit hohem organischen Anteil, die sich im Lauf der Jahrmillionen in ein Öl- und Gasvorkommen verwandelten. Diese Schichten wurden später durch einen undurchdringlichen Mantel aus Salz und Gips bedeckt, sodass die dem Ölfeld entströmenden Gase nicht entweichen konnten. Dieser Vorgang wäre für Lechuguilla ohne Folgen geblieben, wären nicht aufgrund tektonischer Prozesse Spalten entstanden, die das Öl und Gas in Kontakt mit dem Kalkstein brachten. Auf diese Weise gelangten Schwefel- und Kohlendioxid in das Höhlensystem, wodurch das Karstwasser stark korrosiv wurde. Für Lechuguilla begann damit eine neue Entwicklungsphase, in der die Bildung von Hohlräumen erneut einsetzte, während gleichzeitig ungemein formenreiche und farbenprächtige Kris-

▶
Auf dem Weg, sich mit dem gegenüber befindlichen Stalaktit zu einer Säule zu vereinigen, erhebt sich dieser Stalagmit aus einer Art Brunnen, der sich in die versinterte Sohle gegraben hat und in einer früheren Entwicklungsphase der Höhle entstanden ist.

◂ *Aus dem Boden sprießende Gipsblumen.*

tallbildungen stattfanden, die einer komplexen Alchimie folgten.

Bereichert wird dieses außergewöhnliche Zusammenspiel eines unterirdischen Karstsystems mit einem Erdöllager durch den Mineralreichtum des Nebengesteins in Form von Eisen-, Kalium- und Mangansilikaten, die einige der überall in der Höhle anzutreffenden Farbtöne beisteuern.

Lechuguilla ist nicht nur ein Faszinosum für Höhlenforscher, sondern auch ein Forschungsfeld der Extraklasse für zahlreiche Wissenschaftler. Während in den ersten Jahren noch kaum Zugangsbeschränkungen bestanden, wurden später zunehmend drastischere Schutzmaßnahmen ergriffen. So sind die zugelassenen Forscher verpflichtet, sämtliche Abfälle wieder mitzunehmen, einschließlich der eigenen Exkremente. Derartige Vorkehrungen mögen übertrieben erscheinen, doch der Erhalt dieser weltweit einzigartigen Stätte verlangt nun einmal angemessene Maßnahmen. Lechuguilla Cave wird bestimmt niemals öffentlich zugänglich sein und für die nicht vom Glück Gesegneten ein Traum bleiben.

◂ *Gips kann entstehen, wenn das Kalkgestein etwas Schwefel enthält, beispielsweise in Form von Pyrit. So bilden sich regelrechte mineralische Blumen mit Blütenblättern, die Farnwedeln ähneln.*

Rémy Wenger

Das letzte Eldorado

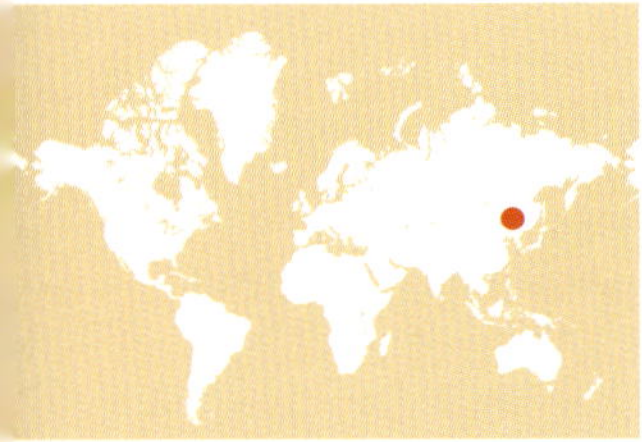

China ist zweifellos eine wahre Fundgrube für den Speläologen. Die weitläufigen Karstgebiete in den Provinzen Yünnan, Sichuan und Hubei bergen ein nahezu unbegrenztes Entdeckungspotenzial. Alle in den letzten 2 Jahrzehnten von westlichen Höhlenforschern in diesem Land durchgeführten Expeditionen führten zur Entdeckung von Höhlensystemem mit gewaltigen Dimensionen.

Während wir die 600 km zwischen Chengdu und dem Örtchen Zeng Xiong im Norden der Provinz Yünnan auf chaotischen Pisten zurücklegen, fühlen wir uns ein wenig wie jene Pioniere, die vor mehr als 100 Jahren Europa durchstreiften – und schließlich einige der spektakulärsten unterirdischen Stätten ausfindig machten. Wer das Glück hat, als Höhlenforscher nach China zu kommen, kann auch heute noch, zu Beginn des 3. Jahrtausends, ohne Weiteres Höhlen und unterirdische Flüsse von beeindruckender Größe entdecken. Auch unsere Träume gingen schon bald in Erfüllung, indem wir das riesige Schluckloch Xian Ren Dong fanden. Hier kommen die Flüsse 3er Täler zusammen, um sich mit lautem Getöse in einen 180 m tiefen Abgrund zu ergießen. Als Erster in dieser prächtigen Szenerie den Abstieg zu unternehmen, ist ein privilegiertes, seltenes und begeisterndes Erlebnis. An der Schachtsohle stoßen wir hinter dem Wassernebel auf einen kolossalen Gang. Wir können ihm einige Kilometer folgen, bis es bei einem Siphon nicht mehr weitergeht. In diesen gewaltigen Räumen sind unsere Karbidlampen nurmehr trübe Funzeln, die gerade noch das Deckengewölbe erkennen lassen. Orte zu durchstreifen, die noch nie zuvor ein Mensch betreten hat – dies ist ein Privileg, das man als Höhlenforscher auch heute noch genießen kann!

▼ *Eine Premiere: Abstieg in den 180 m tiefen Schacht der Schachthöhle Xian Ren Dong – ein privilegierter, erhebender Moment!*

▶ *In den Nebelschwaden der Kaskaden, die sich in das Schluckloch ergießen, erkundet ein Speläologe einen monumentalen Gang in der Schachthöhle Xian Ren Dong. Wie sich herausstellen sollte, wird der Weg nach 4 km durch einen Siphon blockiert.*

▶▶ *Eingangsbereich der Grotte du Cirque (Yünnan). Bauern haben uns auf diese Höhle aufmerksam gemacht, in die sie sich bisweilen hineinwagen – ausgerüstet nur mit schlichten, ziemlich unzuverlässigen Taschenlampen . . .*

Die Dojin-Dong-Höhle wird heute von einer Bauernfamilie bewohnt. Einige Installationen sind Überbleibsel einer unvollendeten Touristenattraktion.

Ein sehr alter Großer Panda

Allmählich füllen sich unsere Notizbücher mit den Messwerten für mehr als 20 Gangkilometer. Das dürfte wohl auch den größten Hunger stillen! Bloßes Kilometerfressen ist aber sinnlos. Vielmehr schärft erst Muße den Blick für Details, die sich mitunter als besonders interessant erweisen.

Dies sollten wir an unserem letzten Expeditionstag in der Höhle Mangbu Xiao Dong erleben. Während wir ungefähr 800 m vom Eingang entfernt nach einem Weg suchen, bemerken wir eher zufällig einen weißen Gegenstand am Grund eines runden Lochs, das die von der Decke rieselnden Tröpfchen in den Lehmboden gegraben haben. Bei näherem Hinsehen wird die Aufregung noch größer. Kein Zweifel: ein Knochen! Die unmittelbare Umgebung absuchend, stoßen wir auf weitere Löcher, die ebenfalls Knochen beherbergen. Im Streiflicht einer Lampe haben wir plötzlich das intakte Skelett eines recht großen Tiers vor Augen, in gewölbter Haltung daliegend und weitgehend im Muttergestein aus Ton und Kalzit eingeschlossen.

Nun hält uns nichts mehr, und es hagelt Mutmaßungen:

– Das ist ein Höhlenbär!

– Warum nicht ein Höhlenlöwe oder ein Höhlenleopard?

Im großen Gang der Höhle Mangbu Xiao Dong.

Für eine Grabung nicht gerüstet, beschließen wir dennoch, einen Teil des Skeletts zu bergen. Der freigelegte Schädel erscheint uns zu gedrungen für einen Höhlenbären. Und sein Gebiss ähnelt dem eines Wiederkäuers! Beim Weitergraben stoßen wir jedoch auf einen prächtigen, für einen Bären typischen Eckzahn. Komisch …

In der Höhle Mangbu Xiao Dong entdeckter Schädel des Großen Pandas (Ailuropoda melanoleuca).

– Und wenn das ein Panda wäre?

Zurück in Chengdu, präsentieren wir unseren Fund dem paläontologischen Institut der hiesigen Universität. Das Urteil der Experten bestätigt unsere letzte Vermutung: Es handelt sich tatsächlich um das Skelett eines Großen Pandas *(Ailuropoda melanoleuca)*, der in dieser Region bereits vor Jahrtausenden ausgestorben ist. Da fossile Pandas nur ganz selten entdeckt werden, beschließt man, die entnommenen Knochen einer C14-Datierung zu unterziehen. Ergebnis: Das Alter des Skeletts beträgt rund 19 000 Jahre. Unsere Entdeckung wirft zahlreiche Fragen auf, die für eine lange Diskussion zwischen Pandaexperten und Höhlenforschern gut sind. Warum ist dieses Tier so tief in die Höhle eingedrungen, wo Pandas doch keinen Winterschlaf halten? Gab es vielleicht einen weiteren Eingang? Wie lässt sich erklären, dass dieser Panda sich in einer Höhe von fast 1700 m aufhielt, wo doch alle anderen Knochen und Fossilien des Großen Pandas unterhalb von 700 m entdeckt wurden?

Wie in vielen Ländern stößt auch in China die Ankunft von Höhlenforschern bei den Einheimischen auf reges Interesse. Für den Fremden bietet sich die Gelegenheit, mit den Einwohnern Kontakt aufzunehmen und ihnen die Attraktivität ihrer »Unterwelt« nahezubringen.

Spätestens dieser Fund eines abseitigen Pandas unterstreicht die vielfältige Relevanz der Speläologie. Jede Entdeckung wirft neue Fragen auf. Tief im Inneren der Höhle bergen Speläologen Relikte, die unverfälschte Informationen über die Entwicklung des Klimas, der Geologie oder der 2- oder 4-beinigen Populationen einer bestimmten Region bereithalten. Vor den Unbilden des Wetters geschützt, haben diese Reste die Jahrtausende meist ohne größere Beeinträchtigung überdauert. Es ist an uns, sie zum Sprechen zu bringen, denn sie haben uns stets etwas zu erzählen.

Rémy Wenger

Ausgewählte Schauhöhlen

Orgnac-Issirac

Diros Glyphada

Auf der ganzen Welt warten Hunderte von Schauhöhlen auf Besucher. Einige sind in dieser oder jener Hinsicht außergewöhnlich. Hier ein paar subjektiv ausgewählte Beispiele:

Aven d'Orgnac-Issirac (Ardèche, Frankreich)

Diese Höhle bietet eine spannende Entdeckungsreise in die Unterwelt. Durch einen künstlich angelegten Tunnel gelangt der Besucher in einen riesigen Saal. Der natürliche Höhleneingang spendet Tageslicht. Weiter unten durchquert man einen Wald aus monumentalen Stalagmiten, die wie Tellerstapel angeordnet sind. Bevor es per Aufzug wieder nach oben geht, vermittelt eine »Licht und Ton«-Präsentation einen kurzen Blick auf die Fortsetzung der Höhle, deren Geheimnis mit Absicht nicht ganz gelüftet wird.
Zugänglich ist auch ein naturbelassener Teil des Höhlensystems. Mit Stiefeln und Helm ausgerüstet, heftet man sich an die Fersen eines professionellen Führers. Dies ist eine ausgezeichnete Gelegenheit, die Höhlenforschung in einer imposanten Szenerie für sich zu entdecken und zu erleben, wie man eine Höhle befährt, ohne ihren dauerhaften Bestand zu gefährden.

Informationen: www.orgnac.com/site_ux/aven.htm

Diros-Glyphada-Höhle (Peloponnes, Griechenland)

Die Diros-Höhle liegt an der Westküste von Lakonien. Auf Meereshöhe gelegen, ist sie in der aktuellen Phase ihrer Entwicklungsgeschichte nahezu vollständig überschwemmt. Vor einigen zehntausend Jahren war dies mit Sicherheit anders. Heute kann man die spektakulären Folgen der Anhebung des Meeresspiegels bestaunen. Der Besuch gestaltet sich sehr bequem, da man einen der von hervorragenden Ruderern gesteuerten Kähne besteigt. In absoluter Stille geht es über einen fast 1 km langen unterirdischen See, vorbei an Blattwerk aus weißem, ockerfarbenem oder gelbem Sinter. Es folgen weitere Brackwasserseen, die stellenweise über 50 m tief sind. Mit ein wenig Glück sieht man Aale und bisweilen sogar Taucher, die nach noch nicht erkundeten Verlängerungen der ursprünglich gebliebenen Höhle suchen.

Informationen: www.greeklandscapes.com/greece/peloponnese05_diros.html

Eisriesenwelt (Werfen, Österreich)

Die als größte Eishöhle überhaupt präsentierte Eisriesenwelt macht den Besucher mit einem spektakulären unterirdischen Gletscher bekannt. Im Gegensatz zu anderen Höhlen dieser Art scheint das Eisvolumen hier konstant zu bleiben. Umso besser, denn das Schauspiel ist schlichtweg zauberhaft! Besonderheit: Man hat ganz auf künstliches Licht verzichtet. Dafür werden die Besucher gleich zu Beginn mit Handlampen ausgestattet, was dem Streifzug ein besonderes Flair verleiht. Auch die Lage ist nicht alltäglich. In mehr als 1600 m Höhe auf einer Steilwand über dem Tal der Salzach thronend, bietet der Eingangsbereich eine schöne Rundumsicht. Die Eisriesenwelt ist zwischen November und April geschlossen.

Informationen: www.eisriesenwelt.at

Dechenhöhle (Iserlohn, Nordrhein-Westfalen)

Als 2 Eisenbahnarbeiter 1868 bei Felssicherungsarbeiten an einer Bahnstrecke ihren Hammer in einem Felsspalt verloren und sich an einem Seil in die Tiefe hinabließen, konnten sie nicht ahnen, dass sie eine weitläufige Tropfsteinhöhle entdecken würden – und erst recht nicht, dass diese inmitten eines mehr als 17 km langen, geologisch zusammengehörigen Höhlensystems liegt. Unter den Naturforschern, die sich bald für die Höhle zu interessieren begannen, war der Elberfelder Realschullehrer Johann Carl Fuhlrott, der 1856 in einer Höhle des Neandertals Skelettreste des Urmenschen geborgen hatte, in der Dechenhöhle jedoch nur große Mengen fossiler Tierknochen fand. Der Beliebtheit der nach einem Bonner Geologen benannten Dechenhöhle tat dies keinen Abbruch.
Einige Highlights sind die Stalagmitengruppe »Heilige Familie«, die Orgelgrotte, der »Kronleuchter« in der Kanzelgrotte, der Nixenteich, die 2,80 m hohe Palmensäule, die Kristallgrotte und die Wolfsschlucht.

Informationen: www.dechenhoehle.de

Jeita-Höhle (Libanon)

Eine Reise in den Libanon wäre ohne einen Besuch der Jeita-Höhle irgendwie unvollständig. Rund 20 km von Beirut entfernt im grünen Tal Nahr el-Kalb gelegen, wurde dieses Ausflugsziel in den 1990er-Jahren mit einer komplett neuen Infrastruktur versehen.
Ein Teil des Besuchs erfolgt per Kahn – in einem prächtigen natürlichen Dekor und in wohltuender Stille. Ein größerer Gegensatz zu der betriebsamen Stadt, die man eben erst hinter sich gelassen hat, ist kaum denkbar. Neben den reichen Sinterbildungen, wird man auch die relativ kühle Luft zu schätzen wissen. Besondere Erwähnung verdient die Tatsache, dass in der Jeita-Höhle 2- bis 3-mal jährlich literarische oder musikalische

Choranche

Skocjanske

Jeita

Eisriesenwelt

Soireen stattfinden. Die Felsgewölbe verwöhnen den Besucher mit einer ganz hervorragenden Akustik.

Informationen: www.jeitagrotto.com

Carlsbad Cavern (New Mexico, Vereinigte Staaten)

Die im Nationalpark Guadalupe Mountains gelegene Höhle zieht alljährlich Hunderttausende neugieriger Besucher an. Je nach individuellen Fähigkeiten und zur Verfügung stehender Zeit kann man aus einem halben Dutzend Exkursionen wählen, um die überaus reich versinterte und sehr große Höhle (45 Gangkilometer) zu erkunden. Einige Touren finden in Höhlenforscher-Montur statt und führen in unwegsame, doch leicht erreichbare Gänge, andere wiederum sind eher klassisch zu nennen – jedenfalls aus Sicht des Touristen.

Wenn sich der Besucher nach all den Eindrücken ermattet fühlt, kann er sich in einem Selbstbedienungsrestaurant stärken ... unter der Erde! Wer an dieser Atmosphäre keinen Gefallen findet, wird dennoch den abendlichen Ausflug von 300 000 Mexikanischen Freischwanz-Fledermäusen erleben wollen, die von Mai bis Oktober zur Nahrungssuche ausschwärmen. Ein wirklich beeindruckendes Schauspiel!

Informationen: www.carlsbad.caverns.national-park.com

Grotte de Choranche (Isère, Frankreich)

Der unscheinbare Eingang der Grotte de Choranche liegt am Fuß einer mächtigen Felswand an der rechten Flanke der Gorges de la Bourne im Vercors-Gebirge. Bereits nach wenigen Metern findet man sich in einer durch Stille und Anmut geprägten Umgebung wieder, die auffällig mit der schroffen äußeren Landschaft kontrastiert. Unangefochtenes Highlight sind die feinen Vorhänge aus durchscheinenden Sinterröhrchen, die über smaragdgrünen Seen thronen.

Vor einigen Jahren wurde der Rundweg durch Anlegen eines Tunnels erweitert, der in einen weiteren Teil der Höhle führt. Im Rahmen einer »Licht und Ton«-Präsentation erkundet der Besucher hier nach und nach einen gewaltigen Saal, der mit einem Höhlenfluss aufwarten kann.

Informationen: www.grottes-de-choranche.com/en/actualites/index.asp

Postojna Jama und Skocjanske Jame (Slowenien)

Die für ihre Schmalspurbahn berühmte, auch als »Adelsberger Grotte« bekannte Postojna-Höhle beeindruckt vor allem durch ihre sehr groß dimensionierten Gänge. Dennoch sollte man einem anderen, ebenfalls auf Touristen vorbereiteten Höhlensystem den Vorzug geben: Skocjanske.

In die Skocjanske Jame hinabsteigend, erreicht man einen gigantischen unterirdischen Cañon, aus dessen Tiefen das Grollen des Reka-Flusses erschallt. Der Weg führt den Besucher hoch über dem Fluss am Abgrund entlang und über luftige Brücken. Falls die Reka zufällig Hochwasser führt, bietet sich ein wirklich außergewöhnliches Schauspiel. Jeder Naturliebhaber sollte auf keinen Fall einen Abstecher in den Karst mit seiner Unzahl von Poljen, Uvalas, Schwinden und Quellaustritten versäumen.

Informationen: www.slovenia.info

Teufelshöhle Pottenstein (Fränkische Schweiz, Bayern)

Die Teufelshöhle ist die größte der insgesamt rund 1000 Höhlen der Fränkischen Schweiz. Fossile Knochen von Höhlenbär, Höhlenhyäne, Wisent, Elch, Pfeifhase, Hirsch und Rentier fand man hier bereits im 18. Jahrhundert. Der Pfarrer Johann Friedrich Esper lockte viele, auch ausländische Wissenschaftler in die Fränkische Schweiz.

Richtig erschlossen wurde die Höhle jedoch erst 1922 durch Entfernen eines Felsversturzes und Schaffen eines 9 m tiefen Durchbruchs. Der heutige Besucher passiert die ersten Tropfsteingruppen, um in die Bärenhöhle mit den Knochenresten von rund 80 Höhlenbären zu gelangen. Als schönster Raum gilt der Barbarossadom mit der Kreuzigungsgruppe: 3 große Tropfsteine, vor denen sich kleine Stalagmiten erheben, die das zuschauende Volk verkörpern sollen. Größter Raum ist der 13 m hohe Riesensaal. Beeindruckend auch der über 3 m hohe »Baum«: Die Decke mit kleinen Sinterröhrchen bildet die Baumkrone, der Tropfstein den Stamm und die beleuchteten Fächer die Wurzeln.

Sommerliche Kulturprogramme und eine Therapiestation für Atemwegs- und Hauterkrankungen runden das Angebot ab.

Informationen: www.teufelshoehle.de

Empfehlungen für den Speleo in spe

Wer von dem Wunsch getrieben ist, markierte Wege zu verlassen und den raueren Pfaden der Speläologen zu folgen, muss einige Sicherheitsregeln einhalten. Die wichtigsten lauten:

- ✓ Informieren eines Dritten über das Ziel der Erkundung.
- ✓ Ausrüstung muss angemessen sein, also keine schwächelnde Taschenlampe und kein Feuerzeug als Lichtspender!
- ✓ Kenntnis der potenziellen Gefahren der betreffenden Höhle (vorhandene Schächte, Hochwasserrisiko etc.).

Höhlenforschung mit einem Höchstmaß an Sicherheit ist keine Sache der Improvisation. Anfänger sollten unbedingt mit dem jeweiligen Landesverband Kontakt aufnehmen. Mit einiger Wahrscheinlichkeit findet man in der Nähe seines Wohnorts eine der zahlreichen Ortsgruppen.
Und nun viel Vergnügen unter der Erde, doch bitte stets mit Respekt für diese faszinierende, doch empfindliche Welt!

Danksagung

Das Zustandekommen dieses Buchs verdankt sich der ehrenamtlichen Mitwirkung zahlreicher Personen.

Für die Zusammenarbeit danken wir vor allem der Schweizerischen Gesellschaft für Höhlenforschung, Jean-Marc Mattlet und der Union belge de spéléologie, der Ukrainischen speläologischen Vereinigung, dem Labor EDYTEM der Universität Savoyen, der Regionaldirektion Rhône-Alpes für kulturelle Angelegenheiten, Marie-Isabelle Cattin, Josiane Lips, Philippe Marti, Stéphane Tocino, Michel Wienin, dem Spéléo-Club Béziers sowie Christian Thomas für seinen Beitrag über die von seinem Club (YUC) in Mexiko durchgeführten Unterwasser-Explorationen.

Für den Abdruck von Schautafeln möchten wir uns bedanken bei Georges Marry (Flüsse der Finsternis), André Glory (Die Höhlen der Welt) und Henri Salvayre (Jenseits der Siphons).

Für die freundlicherweise zur Verfügung gestellten Fotos danken wir Pierre Crotti, Luc-Henri Fage, Arne Hodaliç, Werner Janz, Fabien Hobléa, Alexander Klimchouk, Urs Leuzinger, Jean-Paul Luthi, Georges Marry, Jacques Martini, Jean-Noël Salomon und Serge Van Poucke.

Höhlenforschung ist Teamarbeit. Dies gilt erst recht für die Höhlenfotografie. **Die abgedruckten Aufnahmen entstanden unter tatkräftiger Beteiligung zahlreicher Freunde** hier und anderswo: Anton Bankowski, Steve Beuret †, Jon Bjorguinsson, Denis Blant, Michel Blant, Jean-Jacques Bolanz, Miguel Borreguero, François Bourret, Michel Bovey, Gérard Brocard, Didier Cailhol, Maurice Chiron †, David Christen, François Christen, Pedro Augusto Conde, Pascal Croisier, Laurent Dechanez, Jeff Delhom, Patrick Deriaz, Yvonne Dromms, Gérald Favre, Claude-Alain Favre-Bulle, Yvan Grossenbacher, Roman Hapka, Arne Hodaliç, Stéphane Jaillet, Cédric John, Marie Juan, Peter Keller, Sybille Kilchmann, Yuri Kossoroukov, Cyril Kunz, Jean-Claude Lalou, Marc Luetscher, Arnauld Malard, Edouard Marmillod †, Bulat Mavlyudov, Gérard Meyer, Olivier Moeshler †, Catherine Perret, Jérôme Perrin, François Pinsard, Dominique Preisig, Pierre-Yves Rochat, Philippe Rouillier †, Fabienne Rouvinez, Ezio Rubbioli, Jean Ruegger, Rachel Rumo, Pascal Schenker †, Pascal Siegfried, Ursie Sommer, François Storti, Eric Taillard, Stéphane Tocino, Sylvie Vettorato, Eric Vogel, Viviane Vogel, Mathieu Wenger, Suzanne Wenger, Urs Widmer, Bruno Wilhelm und diverse versehentlich Vergessene.
Dank an alle für ihre Geduld unter nicht immer angenehmen Bedingungen . . .

Literaturempfehlungen

Allgemeines

Franke, Herbert W.: Vorstoß in die Unterwelt. Abenteuer Höhlenforschung. München 2003, Bruckmann, 192 S.

Bauer, Ernst Waldemar: Wunderwelt der Höhlen. Esslingen/München 2001, Bechtle, 160 S.

Uiblein, Franz (Hrsg.): Tiefsee und Höhlen. Leben im Dunkel. Fürth 2000, Filander, 212 S.

Rosendahl, W./Krause, E.B. (Hrsg.): Im Reich der Dunkelheit – Höhlen und Höhlenforschung in Deutschland. Gelsenkirchen/Schwelm 1996, Edition Archaea, 159 S.

Archäologie

Chauvet, Jean-Marie/Brunel Deschamps, Eliette/Hillaire, Christian: Grotte Chauvet bei Vallon-Pont-d'Arc. Altsteinzeitliche Höhlenkunst im Tal der Ardèche. Stuttgart 3. Aufl. 1995, Jan Thorbecke, 118 S.

Clottes, Jean/Courtin, Jean: Grotte Cosquer bei Marseille. Stuttgart 1995, Jan Thorbecke, 200 S.

Reichold, Klaus/Graf, Bernhard: Bilder, die die Welt bewegten – von Lascaux bis Picasso. München 1998, Prestel, 191 S.

Anati, Emmanuel: Höhlenmalerei. Die Bilderwelt der prähistorischen Kunst. Zürich/Einsiedeln/Köln 2002, Benzinger, 422 S.

Geologie/Karstforschung

Gunn, John: Encyclopedia of Caves and Karst Science. London 2004, Fitzroy Dearborn, 902 S.

Trimmel, Hubert (Red.): Karstlandschaftsschutz. Wien 1998, CIPRA-Österreich, 118 S.

Speläotheme

Hill, Carol/Forti, Paolo: Cave minerals of the world. Huntsville (Alabama) 1997, National Speleological Society, 464 S.

Meyer, Michael: Laminierte Speläotheme als hochauflösendes Archiv des alpinen Paläoklimas. Innsbruck 2006, Univ.-Diss., 120 S.

Höhlenfauna

Juberthie, Christian/Decu, Vasile: Encyclopaedia Biospeleologica. Moulis/Bukarest 1994 und 1998, Gesellschaft für Biospeläologie, 1.373 S., 2 Bde

Aljancic, Marco: Proteus – the Mysterious Ruler of Karst Darkness. Ljubljana 1993, Vitrum, 75 S.

Höhlenbär

Rabeder, Gernot/Nagel, Doris/Pacher, Martina: Der Höhlenbär. Stuttgart 2000, Jan Thorbecke, 152 S.

Einige Surftipps

Verband der deutschen Höhlen- und Karstforscher: www.vdhk.de

Verband österreichischer Höhlenforscher: www.hoehle.org

Schweizerische Gesellschaft für Höhlenforschung: www.speleo.ch/deutsch/

Schweizerisches Institut für Speläologie und Karstforschung: www.isska.ch/De/index.php

Internationale Union für Speläologie (UIS): www.uis.speleo.org

Termine und Aktuelles: www.hfc-hersfeld.de/vdhk/news.html

Schauhöhlen in Deutschland: www.showcaves.com/german/de/showcaves/index.html

Schauhöhlen in Österreich: www.showcaves.com/english/at/index.html

Schauhöhlen in der Schweiz: www.showcaves.com/english/ch/index.html

Nachbildung der Höhle von Altamira im Deutschen Museum, München: www.deutsches-museum.de/sammlungen/ausgewaehlte-objekte/meisterwerke-vi/altamira-hoehle/

Dokumentarische Quellen

1 • Kunstmuseum Solothurn
16, 120 • J. Verne: »Reise zum Mittelpunkt der Erde«, 1871
17, 18, 24 • A. Kircher: »Mundus subterraneus«, 1687
19 o., 123 • M. Champagne: »Les Sondeurs d'abîmes«, 1911
21 • © Posul (www.posul.com, www.astrosurf.com)
22 • L. Simonin: »Les Merveilles du monde souterrain«, 1874
25 o. • E. Cartailhac: »Dictionnaire archéologique de la Gaule«, 1875
25 u. • C. Barrière: »L'art pariétal de Rouffignac«, 1875
31 • J. u. L. Triolet: »Les Villes souterraines de Cappadoce«, 1993
68 li. • Ukrainische speläologische Vereinigung, 2006
93, 121 • W.H. Davenport Adams: »Famous Caverns and Grottoes«, 1890
126 E.-A. Martel: »Les Abîmes«, 1894
142 • Sammlung J.-C. Lalou
144 • A. Jaradin: »Guide-album du voyageur à la grotte de Han-sur-Lesse«, 1876
147 • T. Bitterli et al.: »Proyecto Cerro Rabón«, 1990; Zeichnung: P.-Y. Jeannin
148–149 • Höhlenforschergemeinschaft Region Hohgant/SISKA

Bildnachweis

30 o., 31 • Jérôme und Laurent Triolet
34, 35, 110 u., 113 o. • Ministerium für Kultur und Kommunikation, Regionaldirektion Rhône-Alpes für kulturelle Angelegenheiten, Regionalstelle für Archäologie (35 u.: Jean Clottes)
36 • Marc Luetscher
37 • Luc-Henri Fage
40 • Marc Pélissier
45 o. • Jean-Claude Lalou
45 u. • Denis Blant
46 u., 129 • Alexander Klimchouk
47 re., 71 o.re. • Jean-Noël Salomon
64 re. • Fabien Hobléa, EDYTEM
71 Mitte re. • Jacques Martini
83 re. • Werner Janz
96, 99, 100 u. (1–4), 101 u. (1–3), 104 re., 106 u. (2–4), 107 u. (1, 2, 4) • Serge Van Poucke
98, 131, 132–133, 135 • Arne Hodaliç
103 li. • Jean-Paul Luthi
103 re., 104 li. • Yves Bilat
115 o.li. • Urs Leuzinger
115 u.li. • Pierre Crotti
128 • Georges Marry
214–217 • Gilles Carmine/expéditions Yuc
237 (3. v.li.) • Mapas-Liban/Dominique Gérard

Alle übrigen Fotos stammen von Rémy Wenger.

Layout und Tierzeichnungen: Rémy Wenger
Diagramme: © SISKA
Schlussredaktion: Jean-Claude Lalou

Bibliographische Information der Deutschen Bibliothek
Die Deutsche Bibliothek verzeichnet diese Publikation in der Deutschen Nationalbibliographie; detaillierte bibliographische Daten sind im Internet über http://dnb.ddb.de abrufbar.

BLV Buchverlag GmbH & Co. KG
80797 München

Titel der Originalausgabe:
Cavernes – face cachée de la Terre

Umschlaggestaltung: Anja Masuch, Fürstenfeldbruck
Umschlagfotos: Rémy Wenger

Übersetzung: Helmut Ross

Lektorat: Dr. Friedrich Kögel, Dr. Eva Dempewolf, René Scherrer
Herstellung: Ruth Bost
DTP: Satz+Layout Fruth GmbH, München

Printed in France by Pollina - L44078
ISBN 978-3-8354-0298-0

Eine kleine Auswahl aus unserem Programm

Michael Lohmann
Der BLV Tierführer für unterwegs
Details erkennen – sicher bestimmen: Säugetiere, Vögel, Reptilien, Amphibien, Insekten und andere in naturgetreuen Zeichnungen; Kennzeichen, Vorkommen, Lebensweise und interessante Fakten.
ISBN 978-3-8354-0054-2

Stefan Kühn/Bernd Ullrich/Uwe Kühn
Deutschlands alte Bäume
Begegnungen mit faszinierenden Persönlichkeiten:192 bedeutende, oft jahrhundertealte Bäume in ausdrucksstarken Fotos, die speziell für diesen Bildband entstanden; zu jedem Baum: Geschichte, Sagen, Mythen, Anfahrtswege; Übersichtskarte mit Standorten.
ISBN 978-3-8354-0183-9

Mario Ludwig/Friedrich Kögel
Die Erde – Rätsel, Fakten und Rekorde
Lesevergnügen rund um die Erde: Rekorde und Superlative, Fakten und Irrtümer, Staunenswertes und spannende Storys; mit heiteren Illustrationen von Jan Gulbransson.
ISBN 978-3-8354-0141-9

Eckart Pott
Im Wald
Das Ökosystem Wald und seine Bedeutung für den Menschen; die Tiere des Waldes – mit ihren Stimmen auf CD; die häufigsten Pflanzen im Wald; Hörbeispiele von Waldstimmungen: Bäume im Wind, Gewitter, Feuer usw.
ISBN 978-3-8354-0185-3

Der Tier- und Pflanzenführer für unterwegs
Das kompakte Bestimmungsbuch mit 900 Tier- und Pflanzenarten und 1350 Farbfotos – ideal für unterwegs; mit bis zu 5 Fotos pro Art und Sonderteilen, die das Bestimmen zusätzlich erleichtern.
ISBN 978-3-8354-0019-1

Mario Ludwig/Harald Gebhardt
Die 55 gefährlichsten Tiere der Welt
Spannende Lektüre, auch für Jugendliche: die gefährlichsten Tiere der Welt im Porträt – von Löwe und Eisbär über Tigermoskito und Speikobra bis Piranha und Seewespe; Merkmale, Vorkommen, gefährliche Verwandte, Geschichte und Geschichten.
ISBN 978-3-8354-0095-5

Thomas Schauer/Claus Caspari
Der BLV Taschenführer Pflanzen
Besonders handlich – ideal für unterwegs: über 350 Pflanzen – Gräser, Bäume und Sträucher, detailgenaue Zeichnungen für zweifelsfreies Bestimmen, zuverlässiger Farbcode für schnellen Zugriff.
ISBN 978-3-8354-0139-6

Gertrud Scherf/
Zeichnungen: Claus Caspari
Wildpflanzen neu entdecken
Viel mehr als ein Bestimmungsbuch: die wichtigsten wild wachsenden Blumen, Kräuter, Sträucher und Bäume mit ihren Merkmalen und ihrer jeweiligen Bedeutung für den Menschen; mit phantastischen Zeichnungen von Claus Caspari, einem der besten zeitgenössischen Pflanzenmaler.
ISBN 978-3-8354-0062-7

BLV Buchverlag GmbH & Co. KG
Lektorat · Lothstraße 19
80797 München
Postfach 40 02 20
80702 München
Telefon 089/12 02 12-0 · Fax -121
E-mail: blv.verlag@blv.de